现代果园生产与经营丛书

PINGGUOYUAN
SHENGCHAN YU JINGYING ZHIFU YIBEN

苹果园
生产与经营
致富一本通

徐继忠 ◎ 主编

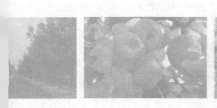

中国农业出版社

主　编　徐继忠

编著者　（以姓名笔画为序）

　　　　王俊芹　刘文田

　　　　李中勇　张学英

　　　　张宪成　郜福禄

　　　　徐继忠　缪国印

前言

　　我国是世界上最大的苹果生产国，苹果种植面积和产量均占世界总量的40％以上，在世界苹果产业中占有重要地位。随着我国农业供给侧结构性改革的推行和科技精准扶贫政策及乡村振兴战略的实施，苹果产业作为优势特色产业，必将在建设现代特色高效农业、带动农民增收致富、实现美丽乡村建设方面发挥重大作用。

　　从目前生产来看，我国苹果产业虽具有一定规模和美好发展前景，但与苹果种植先进国家相比尚有差距，主要表现在栽植模式落后、集约化程度低、机械化水平低、果园管理投入大、病虫害防治不力、优质果比率低等方面。近年来，国内众多高校和科研院所的科技工作者们针对上述问题进行了深入研究与探索，在乔砧密闭园改造、矮化密植栽培模式推广、果园省力化栽培、病虫无公害防治等方面取得了丰硕的成果。为及时、系统地向基层技术推广人员和广大果农普及先进的苹果栽培理念，传授先进栽培技术，在中国农业出版社的大力支持下，作者以面向实践生产为根本，以推广先进栽培技术为目的，编成此书，希望对我国苹果的科技化、

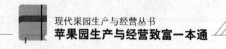

标准化、质量化和绿色化发展有所帮助。

全书共分9章，第一章苹果产业发展与投资规划，第二章优良品种与砧木，第三章苗木繁育，第四章高标准建园，第五章土肥水管理技术，第六章整形修剪技术，第七章精细花果管理技术，第八章果园病虫草害综合防治技术，第九章果园的经营管理与市场营销。本书在归纳总结国内外先进苹果栽培理念与成果的基础上，注重理论联系实际，尤其是结合了河北农业大学苹果课题组30余年在苹果优质高效栽培方面的成果与经验，以苹果栽培关键技术为主线，提出了简单易操作的技术要点，应用性较强。

本书引用了一些马宝焜教授图片，在此表示感谢；同时感谢业内同仁对课题组的指导与帮助！

由于时间仓促，编者水平有限，本书不足或错误之处在所难免，敬请广大读者批评指正。

编著者

2018.2.22

XIANDAI GUOYUAN SHENGCHAN YU
JINGYING CONGSHU

目录

第一章
苹果产业发展与投资规划

苹果是我国种植面积最大、产量最高的重要果树，在国民经济中占有重要地位，它除具有较高的营养、保健价值外，还有较高的经济效益，是贫困地区脱贫致富的支柱产业，也是一些区域农民奔小康的主要依靠；苹果产业也已成为一些眼光独到的企业家开发的主要产业。近几年苹果产业发展迅猛，生产优质苹果获得较高的经济效益是果农、企业家共同的终极目标，但要实现苹果优质、高效生产，除需了解苹果生产现状外，还需了解苹果生产中的投资概况，以做到心中有数、有的放矢。

一、我国苹果产业现状

（一）分布与品种构成

1. 分布　我国苹果分布范围广泛，除广东、广西、海南、上海、浙江、江西、湖南等少数省份外，其他各省份均有分布，但苹果生产主要集中在陕西、山东、甘肃、河北、河南、山西、辽宁 7 省，这 7 个省的苹果栽植总面积和总产量均占全国总面积和总产量的 90％以上，其中陕西省栽植面积和产量位列第一，山东省位居第二位。

根据苹果产区的立地条件，可将我国苹果产区分为西北黄土高原产区、渤海湾产区、黄河故道产区、西南冷凉产区等。从各产区苹果栽植面积和产量情况分析，西北黄土高原产区、渤海湾产区是我国苹果生产两大主产区。2016 年黄土高原产区苹果栽植面积为 129.15 万公顷，占全国苹果总面积的 52.35%；环渤海湾产区苹果栽植面积为 95.76 万公顷，占全国苹果总面积的 38.82%。

通过 2011—2015 年各省苹果面积变化分析，这几年面积增幅最大的是陕西省，增幅为 8.03 万公顷，甘肃省增幅为 2.6 万公顷，山西省增幅为 2.1 万公顷，全国苹果种植面积西移现象明显。

2. 品种构成 自改革开放以来，我国苹果品种结构发生了很大变化，对于促进我国苹果发展、丰富市场品种、人民增收起到了积极作用，但也存在许多问题。

（1）熟期结构不合理 目前我国苹果品种以晚熟品种为主，而中早熟品种所占比例较低。据统计，我国苹果品种以富士系为主，如山东和陕西两个苹果主产大省的富士系品种栽培面积均超过 70%，在个别地市红富士苹果栽培面积和产量均超过 80%，形成了富士独霸天下的局面。其他品种所占比例较低，各产区间也有一定差异。如元帅系品种，甘肃省可占到 19.2%，而山东仅在 5%左右；嘎拉在陕西、山东分别占到 10%和 7.7%，而甘肃和山西分别为 3.5%和 4.4%。

（2）鲜食品种比例高 目前栽培的苹果品种鲜食品种比例过高，达 90%以上，而用于加工等用途的品种比例极低。

（3）栽培品种（品系）多，混杂现象严重 多年来我国苹果育种工作者培育了许多新品种，再加之从国外引种，造成我国苹果品种（品系）繁多的现象。品种多虽然丰富了品种市场，但是因许多品种引种未经严格的区域试验，果农选择品种时具有很大的盲目性，导致品种质量参差不齐。此外，富士系、嘎拉系、元帅系变异很多，苹果果实着色、成熟期、栽培特性等方面均存在一定差异，如果一个果园栽种较多类型，势必给栽培管理带来极大不便。

（二）面积与产量

1. 面积　改革开放以来中国苹果经历了两个快速发展期（1985—1989 年、1991—1996 年）、结构调整期（1997—2005 年）后，苹果生产进入了稳定发展期。2006 年以来，苹果面积逐年增加，2010 年，全国苹果栽培面积为 204.91 万公顷，2015 年为 230.72 万公顷，比 2010 年增加了 12.59％。据苹果产业技术体系统计，2016 年全国苹果栽培面积达到 246.69 万公顷。各苹果主产省份中，2016 年黑龙江苹果栽培面积增长最快，为 14.46％，其次为四川、新疆和陕西，苹果种植面积增长率分别为 6.67％、6.64％和 6.24％。

2. 产量　1978—2016 年期间，虽然个别年份中国苹果总产量出现下降，但整体呈现上升趋势。2010 年我国苹果总产量为 3 168.08 万吨，2015 年总产量达到 4 092.32 万吨，比 2010 年增加 29.17％。据苹果产业技术体系统计，2016 年苹果产量比 2015 年增加 5.85％，其中辽宁和宁夏苹果产量增长最快，分别达到 17.95％和 17.81％，其次为甘肃和黑龙江，分别增产 14.92％和 13.74％。山东、新疆和河南均有不同程度减少，分别减少 1.60％、9.66％和 15.79％。

我国苹果总产量已稳居世界第一位，总产量增加的同时，单位面积产量也在逐步增加。2010 年我国苹果单位面积产量为 15.46 吨/公顷，2015 年达到 17.74 吨/公顷。但与世界苹果生产先进国家相比，单位面积产量仍有较大差距，如法国、意大利、荷兰、美国等国家每公顷苹果产量达 25.5～31.9 吨。

（三）果品质量

1. 外观品质　外观品质是苹果果实商品性最直观的表现形

式，也从一个方面反映了果品质量的等级规格，是苹果生产者和消费者首先关注的性状。衡量果实外观品质的指标主要包括果实大小、色泽、果形、果面洁净度（如果锈、裂纹、果点大小、日灼等）等。

经过我国科技工作者及生产者多年的努力，我国苹果果实外观品质得到了明显改善，突出表现在果实色泽及果实大小等方面，但也存在一些问题，如果面光洁度较差，表现为裂纹严重、果锈明显等。此外，果实套袋提高了果实外观品质，但明显增加了生产成本。

2. 内在品质　内在品质是苹果果实商品性的重要内涵，反映消费者对果实口感、风味的要求及果实贮运性。衡量果实内在品质的主要指标包括果实可溶性固形物含量、硬度、含酸量和固（糖）酸比等。近年来，果实脆度、汁液多少、香气等指标也开始受到重视。

随着苹果栽培技术水平的提高，我国苹果果实内在品质得到了明显提升，但与发达国家相比，苹果的内在品质低下问题依然表现明显，主要表现在可溶性固形物含量偏低、硬度较小，口感差、风味淡等。如2006年对我国苹果主产区的红富士苹果抽样检测中，果实可溶性固形物含量和硬度合格率仅分别为57.3%和35.6%。

3. 安全质量　安全质量是指果品食用的安全性，目前主要涉及农药残留和有害元素含量限量指标。随着人们对食品安全问题的日益关注，对苹果安全质量的关注也日益增加，同时苹果安全质量也是中国苹果走向国际市场面临的重要考验。在对外贸易竞争中，进口国提出一定的果品农药残留标准，成为技术壁垒。欧洲联盟（简称欧盟）（欧盟）要求产品从生产前到生产、销售全过程，都必须符合环保技术标准要求，对生态环境及人类健康均无损害。

随着我国苹果提质增效工程的实施，苹果安全质量得到了极大提高，但我国是一个发展中国家，环保水平还比较低，果品的生产、加工过程及包装、贮运诸多方面仍有不利于环保的因素。在苹果生产上，使用违禁农药、过量农药、除草剂、施用化肥用量过多或施用未经发酵的畜禽粪便等现象时有发生。近年来我国对苹果果品农药残留检测已有相关研究报道，但尚缺乏国家权威检测部门的监测评估报道。据报道，2001 年 12 月我国有 50 个集装箱，计 2 万吨苹果因农药残留量超标而被国外拒收。

2000 年冯建国等曾对山东省苹果主产区 8 市（地）45 个果园的产地环境和产品质量进行普查，结果发现土壤和灌溉水中镉、铅、汞、铬和砷等元素的检出率为 100％，灌溉水中镉和汞的超标率为 4.4％和 2.2％，灌溉水中氯和氟的检出率为 100％，超标率为 8％和 4％。同时发现，苹果中氟、汞和铬的检出率为 100％，铅、镉、砷的检出率均超过 93％，汞、铅和镉的超标率分别为 1.47％、11.29％和 8.06％。2002 年农业部果品及苗木质量监督检验测试中心（兴城）对辽宁省兴城市和绥中县的 13 个苹果样进行检测，硝酸盐检出率为 100％，含量为 72.64～331.29 毫克/千克，均未超标。

（四）生产成本

根据苹果产业技术体系 21 个综合试验站监测数据分析，2016 年全国单位面积苹果生产总成本平均约为 7.51 万元/公顷，比 2015 年平均上升 3.48％。其中，黄土高原和环渤海湾优势区单位面积苹果生产总成本平均分别为 7.11 万元/公顷和 8.44 万元公顷，比 2015 年分别上升 2.2％和 5.3％。2016 年全国苹果生产总成本比 2015 年涨幅明显，而且不同苹果主产区生产成本均呈上升趋势。

1. 物质成本 2016 年全国苹果生产平均物质成本为 3.32 万元/公顷，比 2015 年上升 1.7％。其中，黄土高原和环渤海湾优势区平均物质成本分别为 2.99 万元/公顷和 3.92 万元/公顷，分别比 2015 年上升－1.24％、6.36％。物质成本最高的地区为青岛产区，达到 6 万元/公顷；其次为秦皇岛产区、泰安产区，分别为 5.10 万元/公顷、4.50 万元/公顷。

2. 人工成本 2016 年全国苹果生产人工成本平均为 3.58 万元/公顷，比 2015 年上升 4.95％。其中，黄土高原和环渤海湾优势区平均人工成本分别为 3.32 万元/公顷和 3.98 万元/公顷，分别增长 6.23％和 3.92％。人工成本最高的为泰安产区，达到 6.90 万元/公顷；其次为西安产区、烟台产区，分别为 5.93 万元/公顷、4.95 万元/公顷。

3. 管理成本 2016 年全国苹果生产管理及其他费用（果园管理、销售、保险、技术服务等）成本平均为 0.61 万元/公顷，比 2015 年上升 4.51％。其中，黄土高原和环渤海湾优势区苹果生产管理及其他费用成本平均为 0.845 万元/公顷和 0.57 万元/公顷，分别增长－1.93％和 21.56％。

（五）果品销售

1. 内销 2016 年，我国苹果销售进度整体缓慢。截至 2016 年年底全国苹果销售比例约为总产量的 61％左右，全国苹果贮存量超过 1 000 万吨，其中 50％的库存量积压在果农手中。

2010 年以来我国苹果零售价格变化经历了先快速上升、后快速下降的过程，其中 2014 年苹果零售价格达到峰值，2015 年、2016 年苹果价格大幅度下跌，且 2016 年苹果零售价格低于 2015 年。据国家现代苹果产业技术体系 25 个综合试验站监测分析，2016 年全国一级苹果平均收购价格为 4.70 元/千克，比 2015 年低 1.04 元/千克，下降幅度为 18.12％。根据全国农产品批发市场价格信息网数据，2016 年全国苹果批发价格平均为 4.22 元/千克，同比下降 20.00％。其中，富士批发价格平均水平高于全国苹果批发价格平均水平，为 6.30 元/千克，同比下降20.55%；晚熟品种秦冠批发价格平均为 3.15 元/千克；早熟品种嘎拉批发价格平均为 2.58 元/千克。

苹果销售渠道仍以"果农＋中间商＋涉果企业"和"果农＋合作社＋涉果企业"为主的传统渠道为主，2016 年通过中间商销售的比例占到 40%，通过合作社、涉果企业和批发市场销售的比例也占到 40%，果农自销比例为 13%。果农自销比例地区间差异较大，其中北京产区的自销比例最高，达到 50%，河北产区果农自销比例为 37%。2016 年，全国果农通过传统渠道销售苹果的比例超过 90%，依托互联网销售的苹果仅占到 8%。

2. 外销　2009 年中国鲜苹果出口量达到峰值，以后出口量持续走低直至 2015 年，年平均下降速度达到 5.52%。2016 年中国鲜苹果出口创纪录首次突破 130 万吨，达到 132.2 万吨，初步扭转下滑趋势，出口总额也维持高位运行，但出口价格呈下降趋势。

根据出口地理结构分析，中国苹果主要出口至东南亚和南亚地区，出口额排名前五位的国家分别为：泰国（1.97 亿美元，14.2 万吨）、菲律宾（1.60 亿美元，13.4 万吨）、印度（1.49 亿美元，14.7 万吨）、越南（1.40 亿美元，11.0 万吨）和孟加拉国（1.25 亿美元，18.1 万吨）。

全年浓缩苹果汁出口量将达到 61 万吨左右，较 2015 年增加28.69%，出口量及出口额均扭转下降态势，但出口价格有所下降。

3. 进口贸易　据统计，2016 年中国鲜苹果进口 6.7 万吨，进口额 1.23 亿美元，同比下降 23% 和 16%。2016 年中国从日本、南非、意大利、波兰等国家的进口量有所增加，而从新西兰、美国、智利、法国、澳大利亚等传统国家的进口数量均有所下降。

中国鲜苹果进口量具有三个突出特征：一是鲜苹果进口规模总体偏小，进口数量在国内消费总量中占的比重非常小。二是进口数量波动幅度较大，但进口价格高位运行。三是进口市场日趋开放，进口来源国呈多元化趋势。

2012—2015 年苹果进口价格总体上呈持续高位运行态势，2016 年 1～10 月的新苹果进口价格为 1 831.60 美元/吨，比 2015 年同期上涨 10.06%，即价格上升幅度较大。

二、发展趋势

（一）区域化

通俗讲，区域化栽培就是在最适宜的地方栽培最适宜的砧木和品种。实行区域化栽培是实现品种效益最大化的需要。在最适宜的地方栽培最适宜的品种，能最大限度满足品种生长发育所需的环境条件，发挥品种的最大生产潜能，同时消耗最小。

实行区域化栽培是品种多元化、减少竞争的需要。我国地域辽阔，自然环境条件多样，再加之苹果品种、砧木资源丰富，各地总能根据当地自然条件选择出适宜的砧木和品种，这样有利于实现苹果栽培品种多元化，满足不同层次、不同消费习惯人群的需要，减少了竞争压力，实现了效益最大化。

（二）矮砧密植栽培

20 世纪 80 年代以来，我国苹果栽培模式发生了巨大变化，由乔砧稀植变为了乔砧密植。与乔砧稀植栽培相比，乔砧密植果园单位面积株数增多，单位面积枝量增长快，可以较早地采取促花措施，因此乔砧密植园苹果结果早，早期产量高。但是密植也带来了树冠大小与营养面积间的矛盾，如果解决不好，势必造成树冠郁闭，内膛光照不足，影响花芽分化和果实质量。同时，为了解决二者的矛盾，便产生了许多复杂的技术，增加了技术难度和用工费用，提高了苹果生产成本，因此密植栽培必须以树体矮化为基础。

矮砧集约栽培模式是当前世界苹果栽培发达国家普遍采用的模式，它能达到早结果、早丰产和早收益的经济要求，满足果园光照好、管理简单、劳动强度低、果实品质好、便于清洁化生产和果园适时更新的生产要求，也符合现代农业发展的基本需要。矮砧集约栽培是我国未来苹果栽培的主要方向。

我国自 20 世纪 60 年代开始引进苹果矮化砧，70 年代国内曾掀起了研究和推广的高潮，并成立了全国苹果矮化砧研究与推广协作组。当时在不少地方推广苹果矮砧密植栽培，但成功的较少，导致以后矮化砧木应用较少，其主要原因可以归纳为以下几方面：

1. 矮化砧资源本身存在缺陷　有些矮化性状好的砧木抗寒性差，如世界各地普遍应用的 M9、M26，在华北、西北和东北的一些地区，有时因冻害或抽条引起越冬伤害或死亡，不能正常越冬，而 MM106 和我国培育的 77-34、CX-3、78-48 等砧木的抗寒性虽好，但是矮化性状比较差。

我国苹果主要产区多为早春干旱、冬季低温少雪，这就要求选用的矮化砧木抗寒性要好；生长季高温多雨，雨热同季，苹果新梢生长旺，树势不易控制，这要求选用的砧木致矮效果要好。我国苹果发展方针为上山下滩，栽植地土壤条件差，有机质含量很低，也影响了矮化砧木的利用。

2. 栽培技术不配套　由于对矮砧密植栽培理解不精，导致没有采取相应的栽培技术措施，致使栽培失败，包括以下几个方面：

①整形方式和技术应用不当。一般矮化树相对干性弱，如果中心主干中下部留枝过大、过多，将影响中心主干的生长，形

成群体平面结果；致使产量较低。

②负载量控制不当。矮化树结果早，产量高，但如果过早结果，且负载量控制不合理，肥水不能充分供应，容易导致树体早衰，影响后期产量及树体寿命。

③栽植深度不当。栽植过深时，嫁接口被埋，引起接穗生根而失去矮化效应；但如栽植过浅，则裸露的砧木茎段容易产生树皮日灼（如 M26），轻者影响树势，重者死树。

④生长量不足。在土层薄、无灌溉条件的地区应用矮化效应强的矮化砧，可能造成树体太小、枝量不足，最终影响产量。

3. 苗木培育时间长且质量较差 国外栽植带分枝的大苗，栽植后 1～2 年就可结果，利于矮砧密植栽培的推广。但我国苹果栽植者由于经济条件及栽培观念的限制，往往注重苗木的价格而放松对苗木质量的要求，特别是在苹果生产快速发展的年代，苗木生产供不应求，致使培育时间较长、高质量的矮化苗木难以立足市场。再加之我国苹果苗木生产以分散的小生产为主，很难达到标准化，制约了苹果矮化密植栽培模式的发展。

4. 矮化砧木的研究目标和评价体系出现偏差 主要表现在：

①重选育轻应用。全国许多果树研究单位，多以矮砧选育为目标，即使获得了有价值的材料，对其矮化效应、砧穗组合的生长结果特性以及栽培技术特点研究不够，更谈不上针对我国特殊的气候条件，最大限度发挥矮砧的效应，形成矮化砧木区划利用的完整体系。

②固地性。有些矮砧苹果固地性较差，需要设架，在高标准栽培中，应该进行科学的成本核算，许多情况下，架材的投入是必要的并能为果农所接受。

③大小脚。部分接穗嫁接在矮化砧木上出现大小脚现象，它与矮化效应和寿命并没有直接的关系。

我国苹果栽培中大部分果园是乔砧密植栽培模式，并且大部分是 20 世纪 90 年代发展起来的，树龄已老化，急需更新换代，因此，加速苹果栽培制度变革，推动矮砧集约栽培模式加速发展，逐步实现传统栽培制度向现代栽培制度的转变，对于推动我国苹果产业转型升级具有重要意义。

（三）省力化

果树省力化栽培也称简化栽培或低成本栽培。主要采取矮化密植、生草栽培、肥水一体化自控灌溉、病虫害生物防治、简化修剪等技术和充分利用果园除草、耕作、喷药等机械进行果园高效栽培管理，达到苹果高产、优质、大果、高糖、矮化、完熟、调节产期的目的。

省力化栽培起源于日本，欧美国家的果树栽培一开始就着眼于省工省力，虽然我国国情与大多数发达国家不同，实行一家一户小规模种植模式，但由于年轻人不愿意从事农业耕作，果园用工越来越贵且日益短缺，当老一代果农年龄越来越大，不能胜任果园工作时，在国家土地流转制度的指导下，果园逐渐向种植公司或果业合作社集中是必然趋势。而果园规模的集中和扩大必然要求果园管理的转型和升级，其中省力化栽培就是主要内容。省力化栽培涉及的内容很多，如肥水一体化、果园生草、免袋栽培、机械化作业、化学药剂疏花疏果、简易修剪等。

（四）标准化

农业标准化是根据"统一、简化、协调、优选"的原则，把农业科技成果、生产技术和实践证明确有增产、增收效果的办法等以规范化的形式固定下来，制订标准，将这些标准通过规模化、组织化的管理手段贯彻实施，最终生产出符合市场需求的产品。没有农业标准化，就没有农业现代化，就没有食品安全保障。苹果作为重要的经济作物，实现其标准化是发展的必然。

（五）安全优质化

近年来，国内外农产品质量安全事件频发，如"三鹿奶粉"事件、"毒大米"事件、"苏丹红"事件、疯牛病、禽流感等，农产品质量安全管理问题已成为人们关注的焦点，成为影响农产品市场竞争力和农民经济收入的主要因素。随着互联网的快速发展，信息的快速传递，农产品的快速流通，农产品质量安全问题已经成了全世界人民关心的一个重大问题。

苹果作为重要的农作物，苹果产业也是一些地区的支柱产业，苹果质量安全问题直接影响着该地区农业产业化的发展及果农的收入。

三、苹果园投资规划

经济学中的投资规划是根据客户投资理财目标和风险承受能力，为客户制定合理的资产配置方案，构建投资组合来帮助客户实现理财目标的过程。苹果园投资规划是指专业人员根据客户的理财目标及其经济实力，为客户制订适宜的生产规模、不同苹果生产阶段的投资额度及其效益情况规划。

（一）生产规模

适度的生产规模有利于降低生产成本，提高生产效率。适宜的规模受到投资方的投资能力、土地资源、劳动力、机械化水平、产品销售前景等多种因素影响。目前我国苹果投资方主要包括家庭、企业两种，其生产规模也不相同。

目前我国苹果园以家庭经营为主。据调查，我国东部地区90％的苹果园经营规模面积小于 0.33 公顷，西部地区经营面积小于 0.33 公顷的比例也高于 75％。这与欧美等国家差异较大，美国户均经营面积大于 200 公顷，欧盟在 20 公顷以上，日本为 2～3 公顷。考虑我国目前家庭投资能力、土地流转现状、机械化程度等因素，一些学者提出家庭劳动力 3 人（常年从事果园生产者）的经营规模在 1～2 公顷为宜，家庭劳力在 4 人以上，可经营 2～3 公顷。

随着近年我国提倡土地流转及其他因素的影响，一些企业纷纷投入苹果产业中，给苹果产业注入了新的活力。一些企业的果园面积达到了 70～100 公顷，并且收效良好。相对于传统的苹果生产，新型的经营主体有一些明显的优势，如资金充足、管理易于标准化、经营理念新、营销经验丰富等；但新的经营主体也存在一些劣势，如技术欠缺、雇工难、劳动效率低等，因此建议企业进入苹果产业前应认真分析、充分论证。企业经营苹果园的规模大小，与企业的投资能力、经营策略等关系密切，难于制定统一标准。对于规模及经济实力均有限的企业，建议经营的苹果园的规模以 3.3～6.7 公顷（即 50～100 亩*）为宜，这样利于苹果标准化生产。对于大型且经济实力强的企业，其适宜规模应加大。

（二）苹果园投资预算

果园投资预算是搞好苹果园经营的前提。投资预算包括生产资料费用（苗木、肥料、果实袋、农药等）、人工费用及管理费等。

1. 建园及第一年管理费用 包括土地承包及土地整理费、苗木费、定植费、肥料费等。因立地条件、人工费地区差价、栽植模式等因素，不同区域建园及第一年管理费用差异较大，一般每亩在 10 000 元左右（表 1-1）。

---

* 亩为非法定计量单位，1 亩≈667 米^2——编者注。

表 1-1　保定市苹果主产县建园及第一年投入费用调查表（元/亩）

项目	曲阳县	易县	顺平县
1 土地租赁承包费	1 000	800～1 200	600～800
2 土地整理费			
山地	1300	650～5 150	1 000～2 000
丘陵	500	650～5 150	500～1 000
平原	500	200～300	100
有机肥（>5 米^3/亩）	5 000	2 500～5 000	600～1 200
3 苗木成本	250～1 665	250～1 680	250～2 500
4 开沟费用	164	175	340
5 定植费用	111	84	80～160
6 灌溉费用	240	90	160～220
7 起垄费用	400	200	500～700
8 覆盖材料			
地膜	30	80	60～70
地布	504	500	500～650
9 除草费用	600	500	480～600
10 支柱系统			
立柱（可用水泥柱或钢管柱）	900	450	800～1 200
支柱（可用竹竿）	222	84	400
铁丝	246	255	560～700
用工	240	500	1 200～1 400
11 管理费用			
修剪	300	150	240～360
施肥	180	529	350～450
病虫害防治	60	150	90
12 滴灌系统	1 200	1 200	1 300
合计	12 147～14 362	8 697～17 977	8 610～15 140

（1）土地承包成本　该成本因土地租赁形式、土壤状况等不同而存在差异。目前，每亩租金在 700～1 200 元。

（2）土地整理费　主要包括修筑梯田、客土、平整土地、开沟、施用有机肥等费用。

一般山地果园，需要修筑梯田、客土等，该部分成本因地形地貌不同而有较大差异，立地条件复杂的，每亩修筑梯田、客土等费用在 5 000 元以上，山地在 2 000 元左右。浅丘陵地区，可以利用原有土地进行土地整理，成本每亩约 1 000 元。平原地区，虽不需修筑梯田，但也需平整土地，所需费用相对较低。土壤为壤土或者沙壤土，适当改造就能满足种植要求，土壤整理成本每亩为 10～50 元。土壤较黏重的地区，需改良土壤或采用起垄栽培，土地整理成本相对较高，一般每亩在 200 元以上。

开沟、施肥费用，与采用开沟方式（人工、机械）、有机肥种类、有机肥施用量等关系密切。机械开沟每亩需 300 元左右；若每亩施入优质有机肥 5 米^3，需要 2 000 元以上。

（3）灌溉费用　包括滴灌系统成本与电费。滴灌系统成本与选材关系密切，同时也与果园的建设规模有关，规模越大，投资成本相对越低。一般每亩灌溉系统成本大约在 1 200 元。

目前电费的高低与水井深度、地势、管道长度、灌溉次数、灌溉方式等因素有关。采用滴灌方式，每年灌溉 8～12 次，电费成本大约每亩为 60 元；若采用大水漫灌，成本每亩在 200 元左右。

（4）支柱系统成本　因支柱类型不同成本差异较大，采用钢管＋竹竿支柱系统成本要高于水泥柱＋竹竿支柱系统成本，钢管＋竹竿支柱系统每亩成本 2 200 元左右，采用水泥柱＋竹竿支柱系成本 1 500 元左右。

（5）苗木及定植成本　苗木成本与采用栽植模式、苗木类型等关系密切。选用大苗建园，每株 17～25 元，采用矮砧密植模式，每亩苗木成本 1 800～2 600 元。若采用外国进口带分枝大苗（如 M9 自根砧苹果苗木），苗木成本会更高。

定植成本：主要包括挖定植穴、栽树等。与采用挖穴方式（人工、机械）、栽植密度、人工价格等有关，一般每亩成本为 100 元以上。

（6）栽后管理费用　包括修剪、施肥、病虫害防治及土壤管理等。

整形修剪成本：建园及第一年，主要是刻芽、开张角度，每亩费用 200 元左右。施肥成本，建园及第一年施肥量较少，施肥种类以氮肥为主，一般每亩成本在 300 元左右。病虫害防治成本，建园及第一年病虫害较轻，每亩成本在 100 元左右。

土壤管理成本：主要是指起垄、覆盖、割草等开支。起垄费用一般每亩需 500 元，地布每亩大约 500 元。河北地区果园生草后，一年割草 5～7 次，油费每亩大约为 24 元，割草的人工成本大约每亩为 15 元，一年割草总成本大约每亩为 40 元。

（7）修建道路成本　修建现代化苹果园，一定要规划好道路，一般结合原有道路进行改造。如果需要修建水泥路，6 米宽主路成本大约为 300 元/米。4 米宽支路成本大约为 200 元/米。

2. 定植后第二至四年费用　每年每亩需投入 3 000 元左右，3 年共计 9 000 元（表 1-2）。

（1）土地费用　每年每亩按 1 000 元计算。

（2）树体管理费用　包括整形修剪、病虫害防治等，每年每亩投入 1 000 元左右。

（3）地下管理费用　包括灌溉、施肥、除草等，每年每亩投入 1 000 元左右。其中施肥为主要投入项目，包括有机肥与化肥。

表 1-2　保定市苹果主产县幼树期及初果期投入费用调查表
（定植后第二至四年）（元/亩）

项目	曲阳	易县	顺平
1 土地租赁承包费	1 000	800～1 200	600～800
2 灌溉费用	240	104	120～165
3 修剪费用	720	300	600～720
4 病虫害防治费用	132	600	220～270
5 除草费用	130	130	80～100
6 施肥	1 300	750	900～1 200
合计	3 522	2 684～3 084	2 520～3 255

3. 盛果期成本　每亩每年 6 000 元左右。主要支出为：

（1）土地费用　每年每亩按 1 000 元计算。

（2）施肥、灌水　每年每亩按 1 900 元计算

（3）花果管理成本　包括疏花疏果、套袋、除袋、采果等。每年每亩按 2 500 元计算。

（4）除草　采用果园生草后，一年一般割草 5～7 次，油费大约每年每亩为 24 元，割草的人工成本每年每亩大约为 15 元，割草总成本每年每亩大约为 40 元。

（5）病虫害防治成本　按每亩每年 600 元计算。

4. 人员配备成本　管理人员和技术人员在现代化苹果生产过程中起着非常关键的作用，如果按照 33 公顷苹果园配置一个管理人员和一个技术人员，年工资按 50 000 元/人计算，成本约为 200 元/（亩·年）。

（三）效益分析

苹果园收益来自主产品苹果和果园其他产出的副产品，如果园间作物。

现代化苹果园第三年挂果，第四年商品果每亩产量大约为

500 千克，第五年大约为 2 000 千克，6 年以后每年产量控制在 2 500~3 000 千克。通过控制产量、标准化生产，提高果实品质。按目前 4.5 元/千克计算，第六年就可以收回前期投资。以后每年每亩纯收益大约在 5 000 元以上。

提高苹果园收益，除了控制生产成本外，需提升果实品质，利用品牌效应，拓展果实销售渠道，提高果实售价。另外，幼龄果园合理间作，可以提高果园前期收益。

第二章
优良品种与砧木

优良品种和砧木是生产优质苹果的基础，其中品种是提高苹果市场竞争力的核心要素之一，砧木则在提高树体抗逆性、实现树体矮化、早花早果及改善果实品质方面具有重要作用。我国适宜苹果栽植的区域范围较广，而不同栽培区域生态条件差异较大，每个品种和砧木都有其最适应的自然条件（气候、土壤等）。只有在最适应的自然条件下，才能充分表现出其优良品质和特性。因此，进行苹果优质高效栽培生产，选择优良的品种和砧木是关键的第一步。

一、优良品种

苹果是世界上栽培最广泛的果树种类之一，其品种繁多，类型复杂。据不完全统计，迄今为止世界上的苹果品种在 1 万个以上，但真正作为经济栽培的大概有 200 余个。苹果作为经济栽培树种时，选择优良品种的依据主要从该品种对栽培环境的适应能力、抗逆性、丰产性、果实品质及耐贮藏运输能力等方面考虑。近些年，我国从国外引入了许多优良品种，国内各育种单位也培育出了表现突出的品种。参考《中国果树志·苹果卷》果实成熟期分类，以渤海湾地区苹果成熟期为基本判断标准，将 8 月中旬前成熟的苹果划分为早中熟品种，将 8 月下旬至 9 月下旬成熟的苹果划分为中晚熟品种，将 10 月上旬之后成熟的苹果划分为晚熟品种。下面将目前我国苹果栽培生产中表现优良的品种按果实成熟期进行分类介绍如下。

（一）早中熟品种

1. 藤木 1 号 又名南部魁，美国普渡大学杂交育成，20 世纪 70 年代初引入日本，1986 年从日本引入我国。

该品种树势强健，树姿直立，萌芽力强，成枝力中等。幼树生长势较强，幼树以腋花芽和长果枝结果为主，盛果期以短果枝结果为主。

果实圆形或扁圆锥形，萼洼处微凸起。果个中等大小，平均单果重约 190 克。成熟时果皮底色黄绿，果面有鲜红色条纹，着色面积达 70％～90％，果面光洁，艳丽。果肉黄白色，质脆多汁，风味酸甜，香味浓，品质上。果实发育期 85 天左右，在河北保定地区 7 月 20 日左右成熟。

果实成熟期不甚一致，有采前落果现象，树冠外围成熟早的应先采收。

2. 信浓红 又名长果-12，日本长野县果树试验场于 1983 年用津轻和威斯塔贝拉杂交选育而成。1997 年命名为信浓红，品种登记号为第 5867 号。

该品种树势强健，萌芽率高，易成花，以短果枝结果为主；自然授粉条件下，花序坐果率达 83.2％，花朵坐果率达 58％。

果实圆形，果个中大，平均单果重 206 克。成熟时果实底色黄绿，全面着鲜红色条纹，着色面积 70％以上，树冠内外均可正常着色。果皮薄，果点小而少，果面光滑，外观漂亮，果实萼片宿存、闭合，萼洼中深，梗洼深；果柄细、短，平均长度 2.1 厘米；果肉黄色，脆甜多汁，有香味，果实过熟易绵。果实发育期 90 天左右，在河北保定 7 月下旬成熟。

3. 华夏 又名美国 8 号，是中国农业科学院郑州果树研究所从美国引进的苹果新品种，原代号为 NY543。

该品种幼树较强旺，成龄树较开张，易成花，丰产。该品种萌芽率高，成枝力中等，幼树腋花芽结果能力强，随树龄增加，逐渐转入以中短枝结果为主。

果实近圆形，果个中大，平均单果重 240 克，最大 350 克。果柄中短、粗。果实成熟时果面底色乳黄，着鲜红色霞，着色面积达 90％以上；有蜡质光泽，光洁无锈，艳丽。果肉黄白色，肉质细脆，多汁，有香味，酸甜适口，品质上。在河北保定 8 月上旬成熟。

该品种有采前落果现象，应分批采收。货架期较短。

4. 莫利斯　美国新泽西州农业试验场育成，为多亲本杂交后代，亲本系（金冠 × Edgewood）×（Redgravenstein × Close），1948 年杂交，1966 年发表，1979 年河北省昌黎果树研究所从日本引入。

该品种树体高大，树姿较开张，树势中庸，易成花，结果早。

果实圆锥形或短圆锥形，果个中等大小，平均单果重 185 克。果面光滑，底色黄绿，果面着深红色细条纹，色彩鲜艳。果顶有明显的五棱突起。果肉乳黄色，质中粗，汁多，酸甜，有香气，品质上。在河北保定 8 月中、下旬成熟。

5. 嘎拉　新西兰果品研究部果树种植联合会选育，亲本为红基橙（Kidd's orange red）× 金冠。1960 年发表，20 世纪 80 年代初引入我国。

该品种幼树生长旺盛，干性强，成龄树树势中庸，树姿开张，枝条着生角度大，枝条质脆易断。萌芽率和成枝力中等，短果枝和腋花芽结果均好，结果早，坐果率高，丰产性强。

果实近圆形或短圆锥形，果个中等大小，平均单果重 180 克。果实成熟时，果皮底色金黄，阳面具桃红色晕，有红色断续宽条纹。果形端正，果梗细长。果皮较薄，有光泽；果肉浅黄色，质细脆，致密，汁中多，味甜，微酸，有香气，品质上。在河北保定果实成熟期为 8 月上旬。

嘎拉容易发生芽变，目前已发现的优良芽变有帝国嘎拉（Imperialgala）、皇家嘎拉（Royalgala）、丽嘎拉（Regalgala）及烟嘎等。我国目前栽培的嘎拉多为皇家嘎拉和烟嘎，二者均为嘎拉的浓红型芽变，较普通嘎拉色泽浓艳且着色面积大，其他性状同嘎拉。

6. 华硕 中国农业科学院郑州果树研究所选育，1996 年以美国 8 号和华冠杂交，2009 年通过河南省林木良种品种审定。

该品种树姿半开张，属普通类型。华硕枝条萌芽率中等，成枝力较低。幼树以中果枝和腋花芽结果为主，随树龄增大逐渐以短果枝和中果枝结果为主。该品种坐果率高，自然条件下，其花序坐果率、花朵坐果率分别为 79.7％和 35.2％。

果实近圆形，果个较大，平均单果重为 232 克。果实底色绿黄，果面着鲜红色，着色面积达 70％，个别果面可达全红。果面蜡质多，有光泽，无锈。果肉绿白色，肉质中细、松脆，多汁，酸甜适口，风味浓郁，有芳香，品质上。果实发育期 110 天左右。在河北保定 8 月上中旬成熟。

（二）中晚熟品种

1. 中秋王 以红富士和新红星为亲本杂交育成的优良中晚熟品种。

该品种树势中等强壮，枝条易直立生长，幼树生长较旺盛，萌芽率高，成枝力较强。进入结果期后，树势中庸，枝条缓放易形成短枝，短枝占总枝量的 75％左右，易成花。

果实长圆锥形，高桩，具有红富士和新红星的综合外观。果个极大且均匀，平均单果重 350 克，最大单果重 600 克。果实着色为粉红色或红色，果点小，果面光滑且具有蜡质光泽。果肉淡黄色，肉质硬脆，微酸，甜度一般，香味淡，品质上。无采前落果，无大小年现象，丰产性强。在河北保定 9 月中旬成熟。

该品种在某些区域存在裂果现象，初结果期表现明显。

2. 美味 1986 年在加拿大大不列颠哥伦比亚省的考斯顿发现的实生品种，亲本可能是金冠和红星。

该品种树势中庸，树姿直立，短枝性状明显。萌芽率和成枝力低于嘎拉。

果实圆锥形，萼端五棱突起明显；果个中大，均匀整齐。果面底色乳黄，着鲜红色，着色面积可达 70%～90%，果面光洁，无果锈和粗糙果点。果肉乳白色，脆而多汁，酸度小，有香气，耐贮藏。果实发育期 140～150 天。在河北保定 9 月上、中旬成熟。

3. 弘前富士 日本青森县从富士中选出的极早熟富士品种。

该品种树势强健，树姿较开张。萌芽率高，成枝力中等，以中短枝结果为主，腋花芽结果能力较强，花序坐果率 93.7%，花朵坐果率 51.3%。

果实近圆形，果形端正，果个大，平均单果重 254 克，果形指数 0.85。果实底色黄白，成熟时全面着条状鲜红色，光洁美观。果点圆形、大而稀。果柄中长、粗，梗洼深、广，萼洼中深、较广，萼片小、半开张。果肉浅黄白色，汁多，细脆，酸甜适中。果实成熟期比富士早 35～40 天。在河北保定 9 月中旬成熟。

4. 金冠 又名金帅、黄香蕉、黄元帅，原产美国弗吉尼亚州。1914 年，Anderson H. Mullin 在美国弗吉尼亚州克莱郡个人果园内偶然发现的实生苗，1916 年由斯塔克兄弟种苗公司命名发表并推广，是世界上栽培最多的品种之一。

该品种树势强健，幼树枝条较直立，萌芽率、成枝力均较高，栽后 3～4 年结果。有腋花芽结果的习性。成龄树长势中庸，树姿开张，以短果枝结果为主，连续结果能力较强，丰产性稳产性好。

果实长圆锥形或长圆形,顶部五棱突起明显。果个较大,平均单果重 200 克左右。果实成熟时底色黄绿色,稍贮后全面金黄色,阳面微有淡红晕;果皮薄,较光滑,梗洼处有辐射状锈。果肉黄白色,肉质细密,初采收时脆而多汁,酸甜适口,芳香味浓,品质上,贮藏后稍变软。在河北保定 9 月中、下旬成熟。

该品种在渤海湾地区及黄河故道地区表现果面常有果锈现象,而在西北冷凉、干燥地区则表现为果面光洁无锈且风味浓。

金冠是容易发生芽变的品种,世界上发现的金冠芽变品种有 30~40 个。其中较为著名的有金矮生、斯塔克金矮生、黄矮生和无锈金冠等。

5. 红露 韩国国家园艺研究所用早艳与金矮生杂交育成。

该品种树势强健,树姿自然开张,萌芽率高,成枝力强,早果性强,具有腋花芽结果习性。

果实圆锥形,高桩,果形指数 0.86,平均单果重 251 克。果面底色黄绿,全面着鲜红色并具条纹状红色,自然着色率在 75% 以上。果面光洁无锈,果皮较薄,果点稀而小。萼洼较深,花萼闭锁,果顶有 5~6 个突起棱。果柄较短,平均 2.56 厘米,梗洼深,开阔。果肉乳白色、致密、脆甜、汁多、有香味。在山东文登 8 月底至 9 月初成熟。

6. 元帅 又名红香蕉,原产美国的自然实生品种。1881 年发现,1890 年开始推广。1912 年前后传入日本,1914 年从日本传入我国辽宁,以后逐渐扩展至我国苹果各产区,是我国 20 世纪 50 至 60 年代初期的主栽品种。

元帅较易发生芽变,据不完全统计,元帅及其芽变品种的芽变,迄今为止已发现 160 余种,统称元帅系。通常把元帅称为元帅系的第一代,其芽变称为元帅系第二代,第二代的芽变称为第三代,以此类推,至今已发现了元帅系的第五代。其中元帅系第二代中的代表性品种红星是元帅的着色系芽变,第三代中的代表性品种新红星是元帅系第二代的短枝型芽变,第四代中的典型代表首红比第三代着色更浓、短枝性状更明显，第五代中的瓦里短枝则在着色和短枝性状上比第四代有了进一步的提高。

元帅系苹果果实圆锥形，顶部有明显的五棱突起，果个大型，平均单果重 250 克，果形端正，高桩。果面成熟时全面鲜红色。果肉淡黄白色，肉质松脆，汁中多，味浓甜，或略带酸味，具有浓烈芳香，品质上。在河北保定果实 9 月中、下旬成熟。

该品种如无良好贮藏条件，果肉易沙化，这一缺点限制了其在我国的推广和发展。

7. 蜜脆　美国明尼苏达大学培育，俱乐部品种，1961 年以 Macoun 与 Honeygold 杂交育成。1991 年发表并命名为 Honeycrisp。

该品种树势中庸、略强，树姿较开张，呈半圆形。萌芽率高，成枝力中等。枝条粗壮，中短枝比例高，秋梢较少，生长量小。以中短枝结果为主，腋花芽较少，壮枝易成花芽，连续结果能力强。

果实圆锥形，果形指数 0.88。果实大，平均单果重 310～330 克；果点小、密，果皮薄，光滑有光泽，有蜡质；果实底色黄色，果面着鲜红色，有条纹，成熟后果面全红，色泽艳丽；果梗短、中粗，梗洼窄、中深，部分果实梗端有锈斑；萼片小，萼洼浅、广。果肉乳白色，酸甜可口，有蜂蜜味，质地极脆但不硬，汁液多。有采前落果现象。果实耐贮藏，常温下可放 3 个月，品质不变。在陕西渭北果实成熟期为 8 月下旬。

该品种抗寒性较强，但不耐瘠薄，适宜在肥力条件较好的土壤中栽培。栽培中树势较弱，采前落果严重，有生理缺素症状。

8. 乔纳金　美国纽约州农业试验站育成，亲本为金冠×红玉。1943 年杂交，1968 年发表。我国于 1979 年从荷兰和比利时分别引入，1982 年又从日本引入。

该品种生长势强，萌芽率高，成枝力强，枝条多斜生，下部长枝呈水平或下垂生长。结果早，果台枝连续结果能力强；花序坐果率高，花朵坐果率中等，采前落果少，丰产性强。该品种为三倍体品种，不能做授粉树，栽培中应注意。

果实圆锥形或近圆形，平均单果重 250 克。底色绿黄或淡黄，果面可有 1/2～2/3 着色，有鲜红晕，条纹粗细不一；果面光滑，有光泽，蜡质多，无果粉，无果锈。果点小，淡褐色或白色。果梗中长、中粗；梗洼深、中广，萼洼深、中广。果皮薄，果肉淡黄色或乳黄色，肉质中粗，松脆，汁液多，风味酸甜适度，品质上。贮藏性中等，贮藏过程中不皱皮，但果面分泌油蜡多。在保定地区 9 月底至 10 月初成熟。

（三）晚熟品种

1. 红富士　日本农林省东北农业试验场藤崎园艺部从国光×元帅杂交后代中选育。1939 年杂交，1958 年以东北 7 号发表，1962 年正式登记命名为富士，开始推广。我国于 1966 年开始引入富士进行试栽。

树势强健，树姿开张。萌芽率高，成枝力强。

果实近圆形，稍偏肩，果个中大，平均单果重 200～250 克。果实底色为淡黄色，果面着条纹状或片状鲜红色，果皮薄。果肉黄白色，肉质细脆，果汁多，酸甜适度，有香气，品质上。果实在河北保定 10 月底至 11 月初成熟，耐贮藏，可贮藏至翌年 4～5 月，贮后品质不变，风味尤佳。

该品种易感染轮纹病。抗寒性一般。

富士是一个容易产生芽变的品种。近些年来我国和日本发现了许多富士的芽变品种，主要分为以下 3 类。

（1）普通型着色芽变　如日本选出的长富 2 号、2001 富士，山东烟台选出的烟富 3 号、烟富 8 号、烟富 10 号以及河北农业大学选出的天红 1 号是我国主要应用的着色系富士类型。

（2）短枝型芽变　如日本选出的宫崎富士，山东惠民选出的惠民短枝富士，山东烟台从惠民短枝选出的烟富 6 号，以及河北农业大学选出的天红 2 号是目前我国富士主产区主要栽培的品种。

（3）成熟期突变　日本秋田县平良木忠男于 1982 年在 17 年生的富士上发现了成熟期提早 1 个月的早生富士品种。早生富士表现的优点是成熟期提前，但着色较差，且不耐贮藏。后来日本又从早生富士中选出着色更优良的红将军（红王将），其着色优于早生富士，已在生产上有大面积栽培。

2. 王林　原产日本，是一偶然实生种，亲本可能为金冠×印度。1952 年命名。

幼树生长势强，结果后渐渐缓和。萌芽率中等，成枝力强。树姿直立，分枝角度小，呈竖直生长状，且枝条硬脆，开张角度时要特别注意。成龄树以中短枝结果为主，果台枝连续结果能力强，花序坐果率中等。

果实长卵圆形，果个大，平均单果重 280 克左右。成熟时底色黄绿色，阳面有些许红晕；果点锈褐色，明显，此为其典型特征。果肉黄白色、硬脆、多汁，味甜微酸，香气浓，品质上。在河北保定 10 月上、中旬成熟。

3. 瑞雪　西北农林科技大学杂交选育，亲本为秦富 1 号和粉红女士。2002 年杂交，2008 年开始结果，2015 年 1 月 27 日通过陕西省品种审定委员会审定。

该品种生长势中庸偏旺，树姿较直立。节间短，具有短枝性状，平均节间长度为 1.8 厘米。萌芽率高，成枝力中等，易形成短枝。幼树期以腋花芽结果为主，成龄树以短果枝结果为主。果台副梢连续结果能力强。抗白粉病、较抗褐斑病等叶部病害。

果实圆柱形，平均单果重 296 克，果形端正、高桩，果形指数 0.9。果实成熟时底色黄绿，阳面着少量红晕，果点小、中多、白色，果面洁净，无果锈。果梗长 2.45 厘米、中粗，梗洼中广、中深，萼洼中深、广，萼片小、闭合。果肉硬脆，黄白色，肉质细，酸甜适度，汁液多，香气浓，品质佳。早果、丰产性强。果实成熟期较一致，无采前落果现象。在渭北中部地区10月中旬成熟。

4. 瑞阳 西北农林科技大学选育，亲本为秦冠×富士。2004年杂交，2015年1月27日通过陕西省品种审定委员会审定。

树势中庸，树势弱于富士接近秦冠，树姿半开张。萌芽率高、成枝力强。

果个较大、整齐，平均单果重282克。果实成熟时底色为绿色，全面着色为鲜红色，果面光洁，果点较平、小、中多，果点浅褐色，果面蜡质中多，果粉薄。果梗中等长度、中粗，梗洼浅、中广、无锈；萼片小、直立、封闭，萼洼浅、广。果心小、正、中位，果肉黄白色，肉质细脆，多汁，酸甜适度，具香味。在渭北中部地区10月中、下旬成熟。

5. 国光 美国品种，已有200多年栽培历史。1872年从美国传入日本，20世纪初从日本传入我国辽宁南部。50年代以后在全国广为栽培，1980年以前是中国苹果生产中的主栽品种。以后随着红富士品种的大量推广，其栽植比重不断下降。

该品种幼树生长健壮，较直立。萌芽力及成枝力均较弱。初结果树以中、长枝结果为主，盛果期树以短果枝结果为主。坐果率高，花序坐果率可达80%，花朵坐果率可达50%，果台分枝能力强，丰产稳产性好。

果实扁圆形或扁圆锥形。果个较小，平均单果重150克。果实成熟时底色黄绿色，被有暗红色彩霞或粗细不均的断续条纹。果面光滑，有光泽，无锈，蜡质中等，果粉较厚。果点中多，形状不规则。果梗中粗、较短，梗洼中深而广，萼洼浅、中广。果皮厚韧，果肉黄白色，肉质细脆，汁多，酸甜可口，味浓，无香气，品质上，极耐贮运。在河北承德成熟期为10月中、下旬。

国光中也有许多变异。河北省林业科学研究院刘俊研究员等从河北省国光苹果主产区选出 4 个国光的红色优良变异，定名为红光 1～4 号，2014 年通过了河北省林木品种审定委员会审定。红光 1 号、红光 2 号果面片红，平均单果重分别为 145.3 克、138.1 克；果面光滑，底色淡黄，着色面积分别为 93.5%、93.3%，果实发育期 184 天。红光 3 号、红光 4 号果面条红，平均单果重分别为 121.9 克、137.4 克；果面光滑，底色淡黄，红色条红，着色面积 85.0%、84.1%；果实发育期 189 天。

6. 澳洲青苹 19 世纪 50 年代从澳大利亚新南威尔士州巴拉马塔附近的家庭果园中选出的实生品种。1863 年首次展出，1868 年开始栽培。20 世纪后发展日益广泛，为著名的绿色品种。

该品种树势强健，树姿直立。萌芽率高、成枝力较强，花序坐果率高，平均为 74.1%，较丰产，有大小年。

果实圆锥形或短圆锥形，果个中大，平均单果重 230 克。果实成熟时，果面全面翠绿色，向阳面有少量红晕。果面光滑，有光泽，无锈，蜡质较多，果粉少。果点多，果梗长，梗洼深、广，无锈斑。萼洼中深、渐广。果皮厚，果肉绿白色，肉质中粗，紧密，脆，汁液较多。初采时风味酸或很酸，无香气，贮藏后期风味转佳。在山东泰安 10 月中旬果实成熟。

7. 寒富 又名短枝寒富，是以东光×富士杂交选育而成。1978 年杂交，1994 年通过品种鉴定。

树体生长势较强，树姿较开张，萌芽率高、成枝力中等。具有短枝性状，以短枝结果为主，有连续结果能力，花序坐果率可达 82.5%，丰产性强。采前不落果，无大小年结果现象。该品种抗寒，可在 1 月份平均气温－12℃、年平均温度 7.5℃以上的较寒冷地区栽培。

果实短圆锥形，平均单果重 230 克。果实成熟时底色黄绿，果面全面着鲜红色。蜡质中多，有光泽，果粉少，果点小而少。果梗短、粗，梗洼狭深；萼片闭合，萼洼狭深。果肉淡黄色，肉质松脆，酸甜，汁多，味浓，有香气。耐贮藏。在沈阳地区 10

月初果实成熟。

8. 粉红女士 澳大利亚用威廉女士、金冠杂交育成。

树势强，树姿较开张，干性中强。萌芽率高，成枝力强，幼树以长果枝和腋花芽结果为主，成龄树长、中、短枝和腋花芽均可结果。利用矮化砧木栽培结果早，丰产稳产。

果实近圆柱形，平均单果重200克，果形端正、高桩，果形指数为0.94。果实底色黄绿，着全面粉红色或鲜红色，色泽艳丽，果面洁净，无果锈。果点中大、中密、平、白；果梗中长、粗，梗洼中深、中广。萼片直立、闭合，萼洼深、中广。果心小，果肉乳白色，脆硬，汁中多，有香气，品质上。在陕西渭北地区10月下旬至11月上旬果实成熟。

9. 斗南 日本青森县十和田市三浦小太郎从麻黑7号实生苗中选出。

树体生长势强，树姿直立且强健。萌芽率、成枝力均达70%以上，以中、短枝结果为主，有腋花芽结果习性，易成花，坐果率高，早果性强。

果实圆锥形，果个大，平均单果重280克左右，果形指数0.83。果实成熟时底色黄绿，果面鲜红，套袋果实全面鲜红色，果皮较薄、光滑、无锈、有光泽，果点大。果肉黄白，肉质细、松脆多汁，风味酸甜，微香。较耐贮藏。在河北保定地区10月上旬果实成熟。

该品种在河北保定存在霉心病问题，个别年份病果率可达60%以上。

10. 望香红 辽宁省果树科学研究所选育，2006年在大连瓦房店赵屯的富士与红星混栽园中发现，亲本不详。

该品种幼树生长势偏旺，结果后树势中庸，萌芽率高，成枝力中等，新梢缓放后极易形成腋花芽；有腋花芽结果习性，初结果期以腋花芽和长果枝顶花芽结果为主，进入盛果期后以中、短枝结果为主，果台枝连续结果能力强。自花结实率低，需配置授粉树。采前无落果现象,丰产稳产。

果实短圆锥形,平均单果重 240 克,最大果重 320 克。果实底色为绿黄色,果面着鲜红色,全红。果面光洁,有光泽,顶部有棱起,无果锈。果点小而多、灰白色,较明显。果皮薄,果肉黄白色,肉质松脆、汁液中多,香气浓郁,风味甜,品质上。果实耐贮藏,冷藏条件可贮藏至翌年 4 月末。在辽宁瓦房店果实10 月中旬成熟。

11. 岳冠 辽宁果树研究所以寒富×岳帅杂交育成。1996 年进行杂交,2014 年通过辽宁省非主要农作物品种备案并正式命名。

该品种树姿直立、开张,生长势强,枝条较软,自然情况下略下垂。萌芽率中等,成枝力中等。幼树以腋花芽和中长果枝结果为主,盛果期以中短枝结果为主,连续结果能力强。自花结实率较高,花序坐果率 73.3%,花朵坐果率 43.3%,丰产性好。

果实近圆形,果形端正,果形指数 0.86,平均单果重 225克,最大果重 480 克。果面底色黄绿,全面着鲜红色,色泽艳丽。果面光滑无棱起。果点小,梗洼深,无锈,蜡质少,无果粉,果肉黄白色,肉质松脆,中粗,汁液多,风味酸甜适度,微香,品质上。果实在辽宁葫芦岛地区 10 月中、下旬成熟。

二、优良砧木

多数苹果是由砧木和接穗组成的复合体,砧穗之间互有影响,其中,砧木对接穗的影响更为重要。因此,正确选用砧木,既可增强接穗品种对不良环境的抵抗能力,又可达到控制树体生长实现,早花早果、丰产稳产及改善果实品质等生产目的。

(一) 乔化砧木

1. 山定子 又名山荆子、山丁子。主要分布在我国东北、华北和西北地区。

果实近圆形，平均单果重约 0.2 克，果径平均 0.8～1 厘米。果实红色或黄色；果梗长，最长可达 6 厘米，梗洼及萼洼均浅，萼片脱落；果肉乳黄色，味酸涩。种子小，每果平均 4～6 粒，黄褐色，千粒重 7 克左右。

主根生长较弱，入土深度不如海棠类砧木，但侧根多，水平分布广。与苹果嫁接亲和性良好，属乔化砧木。抗寒性强，也较耐干旱，但不耐盐碱和石灰质土壤。

2. 八棱海棠 又名扁棱海棠、海红。原产河北怀来一带，冀北山区及北京的延庆、昌平等地也有分布。

果实扁圆形或近圆形，有棱，平均单果重 8～9 克。果面底色黄白，完全成熟时全面披鲜红晕。果皮光滑，有光泽，果粉较厚，果点小而少，圆形，白色。果梗长 2.5～3.5 厘米，梗洼中深；萼片小，多数脱落，萼洼浅而广。果心小，每果有种子 2～7 粒，种子卵圆形，褐色，饱满。

根系深广，幼树生长势强。八棱海棠与苹果嫁接亲和性良好，属乔化砧木。其适应性和抗逆性均较强，对干旱和湿涝的耐力中等，耐盐碱，是我国华北平原、黄河故道、秦岭北麓等苹果产区的优良乔砧，但在冬季低温达 －26℃ 以下的地区易发生冻害。

3. 富平楸子 又名奈子。主要分布在陕西、甘肃等地。

幼树树姿较直立，主干灰褐色，多年生枝褐色，新梢红褐色；叶片卵圆形，先端渐尖或急尖，叶缘锯齿细锐。

果实卵圆形，平均单果重 9 克。充分成熟时果实全面深红色，果面光滑，厚被蜡质。果梗细长，梗洼狭深，萼洼广而浅，果顶多有 5 个瘤状突起，萼片宿存。每果 3～4 粒种子，种子深褐色，短小钝圆。果肉乳黄色，较细脆，汁中多，味酸涩，有香味。

根系分布深、广，抗旱，抗寒，耐涝，耐盐碱，耐瘠薄，抗病力强。与苹果嫁接亲和性良好，砧穗生长一致，无大小脚现象。

4. 新疆野苹果 又名塞威士苹果。原产新疆天山山脉西部河谷地带和中亚、西亚地区。在我国新疆伊犁哈萨克自治州的新源、巩留、霍城、察布查尔一带有大面积分布。

长势健旺，根系分布深、广，耐瘠薄，耐盐碱，对白粉病抗性较弱，抗寒性不如伊犁黄海棠，与苹果嫁接亲和性良好。新疆野苹果类型较多，利用其作砧木时应选择优良类型为采种母树。

5. 平邑甜茶 原产山东省平邑县白云岩一带的蒙山山区，属湖北海棠的一个类型。

果实圆形稍扁，平均单果重 0.58 克。果实底色黄，阳面有鲜红晕，果面有锈色小斑点；果梗较细，长 3.2～3.4 厘米，浓紫色和淡红色，无梗洼；萼片脱落，萼洼广而平。果肉黄色，味涩。种子黄褐色，每果平均 1 粒种子，瘪种子较多。

根系发达，根量较多，但分布较浅。耐涝、耐旱性中等，对盐碱的适应力中等，嫁接苹果树后生长高大，有"大脚"现象。适于土壤黏重、气候温暖多湿地区作砧木。

（二）矮化砧木

1. M26 英国东茂林试验站以 M16 × M9 为亲本杂交育成，1957 年发表，1959 年推广，中国 1974 年引入，属矮化砧木。该砧木主干灰褐色，皮孔大，圆形或椭圆形，黄色，较密。新梢褐色，上有稀疏、明显的皮孔，侧枝少。叶片大、厚，平展，长卵圆形，革质，叶基宽楔形，叶缘锐锯齿，呈波浪状，先端渐尖。花蕾粉红色，花白色；果实扁圆形，果皮黄色，果点较大、中密。

M26 作中间砧时，与主要品种嫁接亲和性较好，有"大脚"现象，成龄树有偏冠现象。抗旱性较差，耐寒，能耐短期−17.8℃的低温。抗软枝病和花叶病毒，但不抗苹果绵蚜，易感染颈腐病和火疫病，不耐潮湿黏重土壤。M26 的越冬能力与M9 相似，适宜在年均温 10℃以上的地区栽培。

2. M9 原名黄色梅兹乐园（Paradise Jaune de Metz）。该砧木是 19 世纪 70 年代末在法国梅兹从自然实生苗中选出的，1937年正式命名发表，1958 年引入我国，属矮化砧木（树冠大小为实生砧的 25%～35%）。该砧木主干黄褐色，皮孔大而密，圆形或椭圆形，黄色。枝条粗壮，基部稍向一侧弯曲，枝条红色至银白色，稍有茸毛，在芽节两侧有小瘤状突起，皮孔较小，黄色，圆形，稀疏；叶片卵圆至椭圆形，叶色浓绿，平展，革质，厚而黑，上表面有光泽；叶缘锐锯齿，先端锐尖。根系分布较浅，主要分布在 20～60 厘米土层内，质较脆，易断裂。

M9 既可用于自根砧，也可用作中间砧。自根砧表现"大脚"，中间砧表现有"粗腰"现象。早果性强，嫁接多数苹果品种在定植第二年即可开花，果实品质风味亦佳；但其根系小且分布较浅，固地性较差，木质脆而易断，嫁接树需设立支架。压条生根力中等，在灌溉条件下生根较好。抗寒性差，根系最低生存温度为−9.6℃，耐盐碱，较耐湿，但不耐旱。抗冠腐病，易感染火疫病。M9 为世界上最常用的矮化砧木，在欧洲大陆应用最为广泛。

为解决 M9 原系（包括脱毒 M9EMLA）繁殖系数低的问题，欧洲主要苹果栽植国家进行了 M9 优系选育，如荷兰选育出了NAKBT337-340、Fleuron56，比利时选育出了 Nicolai29，德国选育出了 Burgmer，法国选育出了 Pajam1 和 Pajam2。其中M9T337 近些年在我国苹果生产中应用较广。M9T337 是荷兰木本植物苗圃检测服务中心（NAKTUINBOUW）从 M9 中选出来的脱毒 M9 矮化砧木优系，又称 NAKBT337，比 M9 矮化程度高 20%，易压条繁殖，发达国家（如意大利、法国、荷兰）广泛推广并已获得巨大成功的高纺锤形果园多采用这种矮化砧。该砧木具有更好的苗圃性状，除了压条易繁殖外，还能在春季利用硬枝进行扦插育苗，苗木生长整齐。

3. SH38 山西省农业科学院果树研究所选育。成龄树树干灰褐色，光滑，一年生新梢红褐色，具茸毛，侧芽三角形，饱满；叶片掌状，叶面微卷，成熟叶片浓绿色，裂刻不明显，叶基卵圆形，叶尖渐尖，叶缘锐锯齿；花蕾白色，花白色，花瓣离生，呈卵圆形；果实圆形，成熟时果皮底色黄白，果皮表面为红色，平均单果重 12 克左右；萼片宿存、聚合，萼洼浅广。

SH38 与金冠、红富士等品种嫁接亲和性好。可用高接、扦插和组织培养等方法进行繁殖。SH38 抗旱、抗骤寒、抗抽条、抗倒伏。SH38 在河北省石家庄、保定等地应用较为广泛。

4. SH40 山西省农业科学院果树研究所选育。成龄树树干灰褐色，光滑，一年生新梢红褐色，具茸毛；叶片掌状，成熟叶片浓绿色，阔卵圆形，叶尖渐尖，叶缘尖锐锯齿，较 SH38 小；花蕾白色，花白色，花瓣离生，呈卵圆形；果实圆形，平均单果重 13 克左右，果皮底色黄白，着红色，萼片宿存、聚合、浅广。

SH40 与红富士等品种嫁接亲和性好。SH40 抗旱、抗骤寒、抗抽条、抗倒伏。可用高接、扦插和组织培养等方法进行繁殖。SH40 在河北省、山东省、辽宁省、陕西省均有应用，以在石家庄、保定等地应用最为广泛。

5. SH6 山西省农业科学院果树研究所选育。树干灰褐色，光滑，一年生新梢黄褐色，侧芽三角形，饱满；叶片掌状，成熟叶片浓绿色，较其他砧木大，叶基卵圆形，叶尖渐尖，叶缘尖锐锯齿；花蕾白色，花瓣离生，呈卵圆形；果实圆形，平均单果重 11 克左右；果皮底色黄白，着红色；萼片宿存，聚合，浅广。

SH6 与金冠、红富士等品种嫁接亲和性强。可用高接、压条和组织培养等方法进行繁殖。抗逆性明显优于 M26，具有较强的抗寒性、抗旱性、抗抽条性。SH6 在北京地区苹果矮砧密植栽培中广泛应用。

6. GM256 吉林省农业科学院果树研究所选育的抗寒半矮

化砧木。

一年生枝条红褐色，新梢浅绿色，侧芽三角形，饱满；叶片卵圆形，成熟叶片浓绿色，叶基圆形，叶尖锐尖，叶缘尖锐锯齿，不规则，叶背有茸毛；花蕾粉红色，花瓣重叠，呈圆形。果实圆柱形，平均单果重 22 克左右；果实成熟时果皮底色淡黄，果皮表面为淡红色；萼片宿存、聚合，萼洼浅广。

GM256 砧木抗寒力强，可耐－42℃低温，较抗腐烂病，抗黑星病、早期落叶病。GM256 已在吉林省、辽宁北部、河北坝上地区、黑龙江省齐齐哈尔及内蒙古地区推广应用。

7. 冀砧 1 号 河北农业大学于 2001 年从 SH40 实生后代中选出，2015 年通过河北省林木品种审定委员会审定并命名为冀砧 1 号，原代号为 111。

树干光滑，灰褐色，一年生枝条浅黄褐色，皮孔圆形，新梢无茸毛；叶片卵圆形，掌状裂叶，成熟叶片浓绿色，叶基截形，叶尖渐尖；叶缘重锯齿，锯齿尖锐；叶背白色茸毛、稀；叶柄浅绿色，基部红色，平均叶柄长度 3.1 厘米。

冀砧 1 号与基砧八棱海棠以及红富士、王林、中秋王、嘎拉、凯蜜欧等品种亲和性良好，嫁接口基本无"大、小脚"现象。作中间砧嫁接红富士，矮化性状明显，早花、早果和丰产性良好。冀砧 1 号作中间砧嫁接的苹果苗在河北省中南部地区一般不发生抽条现象，在不采取越冬保护措施条件下可安全越冬。无特殊病虫害。

8. 冀砧 2 号 河北农业大学于 2001 年从 SH40 实生后代中选出，2016 年通过河北省林木品种审定委员会审定并命名为冀砧 2 号，原代号为 36。

生长势旺，一年生枝条褐色，新梢红褐色，有茸毛，皮孔近圆形。叶片椭圆形，成熟叶片绿色，基部心形，叶缘重锯齿，叶背白茸毛、稀；叶柄基部灰红，其余灰绿，平均叶柄长度 2.5厘米。

冀砧 2 号作中间砧，与基砧八棱海棠以及红富士、王林、中秋王、嘎拉等品种亲和性好，矮化性状明显，早花、早果和丰产性良好。以其作中间砧嫁接的苹果苗在河北省中南部地区一般不发生抽条现象，在不采取越冬保护措施条件下可安全越冬。无特殊病虫害。

9. 辽砧 2 号　辽宁省果树科学研究所从助列涅特×M9 杂交实生苗中选出，1980 年杂交，2003 年 12 月通过辽宁省农作物品种审定委员会品种登记并正式定名。

树干棕黄色，一年生枝黄褐色。叶片卵圆形，浓绿，革质，表面皱状，叶缘锯齿。树冠圆锥形，幼树半开张，成年树开张。果实圆形。

辽砧 2 号与目前主栽品种富士、金冠品种亲和力好；室内抗寒力（枝条细胞电解质渗出量试验）测定表明，发生冻害的临界温度为 -40℃，半致死温度为 -45℃，分别较 M26 和 M9 低 6℃ 和 4℃。辽砧 2 号生根能力强，与 M26 相近，适宜压条繁殖。

第三章
苗木繁育

优质苗木是苹果产业健康发展的基础，优质苗木繁育在苹果产业发展中具有基础性地位。我国现有的苹果苗圃，绝大部分为分散经营，苗木生产技术不规范，品种混杂，质量良莠不齐，优质苗木出圃率低，导致建园定植成活率低，果园整齐度差，投产年限晚，增效慢。现代苹果园的建设需要高质量的苗木，因此，繁育优质苗木已成为促进我国苹果产业再上新台阶的关键所在。本章详细介绍了草木繁育的内容。

一、苗圃地的选择与规划

苗圃是繁育苗木的场所，为生产提供大量优质、纯正、无检疫病虫害的苗木。建立苗圃首先要对苗圃地进行选择和规划。

（一）苗圃地的选择

选择苗圃地时，应全面考虑当地自然条件和经营条件，重点考虑气候、土壤、灌溉条件、土地利用现状、交通状况等因素。

1. 圃地选择 圃地位置最好选在需用苗木地区附近，便于就近生产，就近供应。最好靠近公路，交通便利，容易运输。远离工矿企业，减少污染。

地点应选择地势平坦，或坡度在 5°以下，坡面整齐的缓坡地或平地。地下水位应在 2.0 米以下。

2. 土壤条件 苗圃地要求土层深厚，土壤肥沃。苗木在肥沃土壤上生长健壮，抗逆性强。

土壤质地一般以沙壤土、壤土和轻黏壤土为宜。沙壤土和壤土理化性质好，适于土壤微生物活动，对种子的发芽、幼苗生长有利，起苗容易，根系好。过沙或过黏的土壤应进行改良，并增施有机肥。

土壤的酸碱度以 pH5.0～7.8 为好。过酸或过碱的土壤都不利于苹果苗木的生长。

不能选择重茬地作苗圃地。重茬地是指上一年或上一季栽植苹果、梨树等仁果类苗木或果树的土地。重茬地作苗圃地病虫害严重，苗木质量降低。此外，在重茬地繁育的苗木栽植后生长缓慢，病虫害多，难以满足优质丰产建园需要。若重茬地再次繁育苹果苗一般需间隔 3 年以上。

害虫和病菌较多的土壤不宜作苗圃。对苗木危害较重的立枯病、根癌病和地下害虫（如蛴螬、金针虫）等较多的土壤不宜作苗圃。如果作苗圃，应搞好土壤处理，采取有效的防治措施。

蔬菜地不宜作苗圃。蔬菜地作苗圃苗木易得根腐病，尤其是茄科和十字花科的菜地、马铃薯地等。

3. 灌溉条件 苗圃地必须有灌溉条件。种子发芽、苗木生长均需要水分供应。如果不能保证及时灌溉，种子发芽晚、出苗率低，苗木生长缓慢甚至枯死。

（二）苗圃地的规划

目前，我国苗圃按照生产规模可分为大型苗圃和小型苗圃，按经营主体不同可分为公司或合作社苗圃、个体户苗圃、科研院所苗圃等。小型苗圃一般由个体户经营，规模较小，经营时间较短，所育苗木品种较单一，数量也较少。但这类苗圃数量多，也能为果树生产提供大量苗木。小型苗圃构成较简单，管理较灵活，规划相对简单。大型苗圃一般由公司或集体投资经营，生产经营规模大，生产苗木数量多，品种多，经营时间长，有较雄厚的技术力量和物质基础，需对苗圃进行科学规划，发挥最大作用。

苗圃地按照作用不同可分为生产用地和非生产用地两部分。生产用地指直接用于生产苗木的苗圃地，包括母本园和繁殖区。非生产用地包括道路、房屋、排灌系统等辅助性用地等。

1. 生产用地　苗圃的生产用地因苗圃的种类不同而有差异，通常包括母本园区和繁殖园区，有时结合科研项目设置科研试验区等。

（1）母本园　主要任务是提供繁殖材料，又分为砧木母本园和良种母本园或脱毒采穗圃。砧木母本园提供砧木种子、自根砧木繁殖材料。良种母本园提供优良品种接穗、插条和无病毒材料等。为保证所育苗木的质量，母本园所提供的繁殖材料必须没有检疫性病虫害，品质纯正。母本园应选在地势平坦、土质疏松、肥沃深厚、背风向阳、且有良好排灌条件的地段。

（2）繁殖区　据所繁育苗木的种类分为实生苗繁殖区、自根苗繁殖区和嫁接苗繁殖区。为耕作管理方便，最好结合地形采用长方形划区，一般长度不短于 100 米，宽度为长度的 1/3～1/2。如果苗圃繁育苗木品种较多，宜将不同品种的小区划开，以便管理。繁殖区是苗圃的核心部分，要占苗圃总面积的 1/2 以上，规划时要充分考虑，将苗圃中最好的地段划作繁殖区，以生产优质苗木。

2. 非生产用地　一般非生产用地占苗圃总面积的 15%～20%。

（1）道路系统　包括主路、支路等。主路为苗圃中心与外部联系的主要通道，其宽度约 6 米。支路结合大区划分与主路连接，支路宽 3 米左右。

（2）排灌系统 结合地形及道路一同规划设计，形成有机网络，做到旱能浇、涝能排，保证苗圃水肥正常供给。目前，我国常见的是沟渠引水灌溉，较先进的苗圃正逐步引进使用滴灌、喷灌等节水灌溉设施。

（3）房屋建筑 包括办公室、宿舍、食堂、苗木分拣包装车间、贮藏室等。一般设在苗圃交通便利的地方，以不占用好地为宜。

二、实生砧木苗的繁育

由种子播种长成的苗木称为实生苗。以实生苗为砧木嫁接苹果品种，称为实生砧木苗。实生苗的繁育方法简单，包括以下程序：采种→种子处理→种子生活力测定→催芽→播种→播后管理。

（一）砧木选择

苹果生产园种植的苹果苗都是通过播种苹果属植物种子繁育成实生苗，在实生苗上嫁接苹果品种或先嫁接矮化砧后再进行二次嫁接苹果品种育成的。在实生苗上嫁接苹果矮化砧木繁育成的苗木称为矮化中间砧苹果苗。

根砧：又称基砧，指基部直接嫁接品种或中间砧的带有根系的砧木，包括实生砧木和营养系砧木。实生砧木：利用种子播种繁育的砧木。营养系砧木：通过压条、扦插、组织培养等营养繁殖方法获得的砧木，也称无性系砧木。

1. 常用实生砧木 实生砧木要求生长健壮，根系发达，与品种嫁接亲和力强，适应当地气候和土壤条件，抗病虫能力强。适合我国苹果产区的主要种类及特性见表3-1。

2. 矮化砧木的选择 苹果矮化密植栽培是世界苹果发展的总趋势，应用适宜的矮化砧木是实现矮化密植的主要途径之一。

苹果矮化砧木类型很多，如 M9、M9T337、M26、SH 系、GM256、冀砧 1 号、冀砧 2 号等，各地应根据实际选择适宜的砧木。

表 3-1　常用砧木种子适宜层积天数及播种量

砧木种类	适宜层积时间（天）	直播育苗法播种量（千克/亩）	主要特征	主要适宜地区
八棱海棠	40～60	3.5～4.0	根系深，抗旱、抗盐、耐瘠薄，不耐涝，与苹果嫁接亲和力强	内蒙古、河北、天津、山西、陕西、山东、河南、江苏、青海、宁夏、安徽等地
平邑甜茶	30～50	1.0～1.5	根系发达，抗旱、抗涝、抗寒，耐高温高湿，耐盐碱耐瘠薄，抗白粉病、根腐病，有一定矮化作用	山东等地
山定子（山荆子）	30～50	1.0～1.5	营养生长开始较早，抗寒性极强，宜沙质壤土，根系浅，不抗旱，耐瘠薄，不耐盐碱。与苹果嫁接亲和力强	黑龙江、吉林、辽宁、内蒙古、北京、天津、河北、山东、山西、四川等地的非盐碱地
沙果（花红）	60～80	1.0～1.5	较耐潮湿高温；有一定矮化作用	浙江、贵州、河北、陕西、四川、河南、江苏、安徽等地
河南海棠	50～60	1.5～2.0	根系深，有一定的抗寒、抗旱能力，抗盐碱能力较差，抗白粉病，叶枯病和叶斑病重。苗木分离现象较明显。具有矮化特点	河南、山西

（续）

砧木种类	适宜层积时间（天）	直播育苗法播种量（千克/亩）	主要特征	主要适宜地区
楸子（海棠果）	60～80	1.0～1.5	根系深，抗旱，较抗寒，耐涝，较抗盐	黑龙江、吉林、内蒙古、新疆、山西、河北、山东、河南、四川、陕西、青海、甘肃等地
湖北海棠	30～50	1.0～1.5	喜温耐湿，适应性强，具有无融合生殖特性，对白绢病、白纹羽病和白粉病抵抗力强，耐涝，抗旱性一般	湖北西部、长江中游、湖南和云南中、南部
新疆野苹果（塞威士海棠）	60～80	1.5～2.0	耐旱和耐寒力较强，喜光，根系发达，与苹果嫁接亲和力强，抗盐力强，苗期抗立枯病和白粉病能力差	新疆、甘肃等

砧木特点详见第二章的砧木部分。

（二）种子的采集与处理

1. 选择优良采种母株 优良母株应是生长健壮，连年丰产，品质优良，类型一致，无花脸病和花叶病等病毒病的植株。

2. 适时采收 种子成熟度是决定种子生活力和发芽率的关键。未充分成熟的种子，种胚发育不健全，内部贮藏营养不足，生活力弱，发芽率低。种子充分成熟的标志是种皮变褐，有光泽，种仁饱满。待种子在母树上充分成熟时，采集发育正常、果形端正的果实取种。

3. 种子的采集、干燥和贮存 果实采收后，取种有两种方法：一种是结合加工取种，另一种是堆沤取种。堆沤取种时，在

25~35℃条件下，堆高 30~50 厘米，经 7~8 天腐败发酵，揉碎漂洗，取出种子放在阴凉通风处晾干，不要曝晒。晾干后的种子仍含有一定的水分，例如海棠果种子的含水量为 13%～16%才能保持其生活力。

种子晾干后应进行精选，清除杂质或种仁不饱满的低劣种子，纯度和净度均在 90%以上。放在背阴、通风、干燥冷凉的地方保存，并要注意通气，温度 0~5℃、相对湿度 50%～70%条件下最适宜。

4. 种子生活力的测定 新采收的种子生活力强，播种后发芽率高，而陈旧种子其生活力显著降低。因此，在层积沙藏处理或播种前，应做好种子生活力的测定，作为正确确定播种量的依据。

（1）目测法（外部性状观察法） 凡种子饱满，大小均匀，千粒重大，纯净无杂，种胚及子叶为白色者，一般都是生活力良好的种子。凡种子缺乏弹性，受压易碎，无光泽，子叶变黄或透明者都是陈旧或丧失生活力的种子，不可采用。

（2）浸种目测法 对山定子、海棠果等小粒种子，可将其浸种 24 小时后剥去种皮观察其性状。如子叶和胚为洁白色或乳白色，压之有弹性，则为有生活力的种子。如子叶和胚为透明状或变黄等，均为无生活力的种子。

（3）染色法 常用的染色剂有靛蓝和胭脂红，用 0.1%～0.2%水溶液（也可用其他染色剂），在染色前 1 天将种子浸水 24 小时，然后剥去种皮，在室温条件下染色 3 小时。靛蓝和胭脂红是死细胞染色剂，活细胞不能染色。凡全部着色或胚着色者即表明已失去发芽能力，而具有生活力的种子则全不着色。

（4）发芽试验 此法是鉴定种子生活力最好的方法。一般是在室温 20℃条件下，将层积后的种子播在盛有湿沙木条箱中，使其发芽，然后，统计其发芽率。这种方法接近于田间发芽率。

5. 种子的沙藏层积处理 与一般的作物种子不同，苹果砧木种子具有自然休眠的特性。打破种子的自然休眠，完成种子后熟过程的方法较多，但目前最常用的方法仍然是低温沙藏层积法。

（1）层积处理时间 苹果砧木种子开始沙藏时间应根据种子完成后熟所需天数、播种时间及当地立地条件等综合确定。苹果砧木种子完成后熟所需天数见表3-1。一般西府海棠以12月下旬或1月上旬开始沙藏为宜，沙藏期约60天。新疆野苹果以12月中旬开始沙藏为宜，沙藏期80～90天。

（2）层积处理的方法 一般是将种子与3～5倍清洁的湿河沙混拌均匀，贮藏在沟内或木箱等容器内，进行沙藏。河沙的湿度以手握成团而不滴水为宜，约为河沙最大持水量的50％。沙藏温度一般要求0～10℃，最适温度为2～7℃。具体做法是在背风高燥地方挖沟，沟深60～80厘米，长和宽根据种子数量而定。先在沟底铺一层5厘米厚的湿河沙，然后将种子与河沙混匀平铺沟内接近地面，之后再在上部用湿河沙将沟填满并高出地面，然后在湿沙上覆土呈屋脊状，在四周挖排水沟。为利于通风，在层积沟中每隔50厘米长垂直插1捆秸秆，秸秆下部直插沟底沙层内，上部伸出土层。应经常检查翻动种子。如发现种子霉烂，应及时清除烂种，防止蔓延。待层积种子有30％露白时，即可取出播种。有条件的将沙藏的种子转存到1～2℃的冷库中继续沙藏，播种时取出。如接近播种期，种子还未萌动，可提高沙堆温度，或者连同沙子取出，放在温暖处催芽。

如果未行沙藏，也可在播种前用"两开对一凉"的温水浸种，并充分搅拌直至冷凉，继续浸泡2～3天（每天换水1次），然后取出种子混以湿沙，在稍高于室温的条件下进行催芽，随时搅拌、补水，直到有部分种子露出白尖，即可播种。这种处理方法萌芽率低。

（三）播种

1. 播种时期

一般苹果砧木种子可以进行秋播或春播。具体播种时间应根据当地的气候条件、育苗周期等确定。春季采用小拱棚或地面覆盖可适当提早播种。

（1）春播　冬季严寒、风沙大、土壤干旱、土质黏重或鸟、鼠害严重的地区，多进行春播。长江流域一般在2月下旬至3月下旬，西北、东北、华北地区在3月中下旬至4月上中旬。春播的种子必须经过沙藏或其他处理，使其通过后熟解除休眠才能播种。

（2）秋播　冬季较短且不甚寒冷和干旱，土质较好又无鸟、鼠危害的地区可秋播，使种子在土壤中通过后熟和休眠。长江流域在11月上旬至12月下旬，华北地区10月中旬至土壤结冻前。秋播种子翌春出苗早，生长期较长，苗木健壮。

2. 播种方式方法

（1）播种方式　分为露地直播与苗床播种两种方法，露地直播指播种出苗后幼苗不移栽，就地生长成苗，或作砧木嫁接培养成嫁接苗后出圃。苗床播种是指播种出苗后，于幼苗期进行移栽，或春季挖出移栽再嫁接育苗。苗床播种整地较细，先期节约用地。

（2）播种方法　华北地区八棱海棠播种时多采用条播法。可采用行距40～50厘米的等行距条播，也可采用宽行行距50～60厘米、窄行行距20～25厘米的宽窄行条播。人工开沟播种或机械播种。播种深度2～3厘米。计划用起苗机起苗的苗圃，一般行距50～60厘米，单行等距条播较适宜。

3. 播种量　播种量是指在单位面积内所用的种子数量。播种量因播种方法、砧木种子种类、质量和萌芽率高低有很大差异。露地直播，八棱海棠播种量为（3.5～4）千克/亩。常用砧木种子的露地直播的常用播种量见表3-1。非直播育苗，播种量应适当调整。

4. 播种深度　播种深度因种子大小、气候条件和土壤性质而异。在土壤条件等适宜时，播种深度一般为种子横径的1～3

倍，如山定子覆土厚度为 1 厘米，海棠为 1.5～2 厘米。干旱地区比湿润地区可深些。秋冬播比春夏播深些。沙土、沙壤土比黏土深些。播种过深，土温低，氧气不足，种子发芽困难，导致出苗晚，甚至不能出土。播种过浅，种子得不到足够和稳定的水分，影响出苗。

5. 整地施肥 播种前要灌水保墒，施足基肥，精细整地。每亩施用有机肥 2 500～3 000 千克，复合肥 25 千克，耕翻耙压，认真整地做畦。畦长 10 米，宽 1 米，畦梗宽 30 厘米左右。立枯病、根腐病、蛴螬、蝼蛄等病虫害重的地块应结合整地搞好土壤处理。整地前每亩地面喷施 50%多菌灵可湿性粉剂 500 倍液或 70%甲基硫菌灵 800 倍液（每亩喷施甲基硫菌灵 1～1.5 千克），预防立枯病。防治地下害虫，每亩用 50%辛硫磷乳油 300 毫升，拌土 30 千克，撒于地面，耕翻入土。

（四）播种后的管理

1. 中耕除草 播种后立即喷除草剂 50%乙草胺 25 毫升＋33%施田补 30 毫升＋水 15 千克，地面封闭除草，杂草控制期长达 50 天以上。一般 5 月中下旬第一次人工除草，可减少除草 1～2 次，省工省力。以后根据杂草生长情况结合浇水每隔 20～25 天人工除草 1 次，全年除草 5～6 次。

2. 覆膜保湿 播种后可以覆盖地膜，增温保湿，待 60%出苗后撤去地膜。

3. 浇水追肥 播种后到出苗前一般不浇水，以防土壤板结，降低地温，不利出苗。天气干旱，影响萌芽出土时，应及时补水。一般播种 25 天后，出苗 80%以上时浇第一水，以后结合降雨 20～25 天浇水 1 次，全年浇水 5～8 次。9 月后应控水控肥，促进枝梢充实，提高越冬能力。11 月下旬浇冻水。实生苗在 6 月上中旬、7 月上中旬、8 月上中旬追肥 2～3 次，每次追尿素 10～15 千克/亩，追肥后浇水。

4. 间苗、定苗、移栽补苗、断根　4 月底至 5 月初，播种后 40 天左右，海棠苗 3～4 片真叶期，按株距 3 厘米左右间苗。幼苗 5～7 片真叶时（苗高 10 厘米，苗龄 50 天左右）定苗、移栽补苗、断根。露地直播的苗圃定苗后保留株距 15 厘米左右，每亩留苗 1 万株左右，如果要培育优质大苗，数量应减少。幼苗移栽时，移栽前 2～3 天苗圃灌水，然后按照一定的株行距栽植到新的苗圃中，最好在阴天带土移栽。栽后立即浇水，以后每隔 3～5 天浇 1 次水，连浇 3～4 次。定苗后断根，时间一般在 5～7 片真叶时，在幼苗主根 10 厘米左右深处切断根系，断根后锄草松土，然后浇水。

5. 病虫害防治　幼苗出土后拔除病苗，及时喷施 50%多菌灵可湿性粉剂 500 倍液或 70%甲基硫菌灵 800 倍液，防治立枯病。白粉病发病初期喷 25%三唑酮 2 000 倍液。斑点落叶病等叶部病害可喷 43%戊唑醇 4 000 倍液、30%戊唑多菌灵 1 000 倍液。蚜虫、绿盲蝽可以喷 10%吡虫啉 2 000 倍液或 5%啶虫脒 2 000 倍液防治。红蜘蛛、顶梢卷叶蛾等害虫喷 1.8%阿维菌素 3 000 倍液或 3%高氯甲维盐 2 000 倍液。合理混配农药，及时防治病虫害。喷 3%高氯甲维盐 2 000 倍液＋10%吡虫啉 2 000 倍液＋30%戊唑多菌灵 1 000 倍液，可防治金龟子、大灰象甲、蚜虫、卷叶蛾、立枯病等多种病虫害。全年喷药 6～8 次。

三、乔化苹果苗的繁育

乔化砧木上嫁接苹果品种繁育而成的苹果苗，就是乔化苹果苗。

（一）接穗的准备

1. 接穗的采集　接穗要从优良品种的营养系后代中采集。采穗母树必须具有丰产、稳产、优质的性状，而且生长发育健壮，无病虫害，尤其是不带检疫病虫和病毒病。选作接穗的枝条，必须生长充实健壮，芽体饱满。

采集接穗的时间要根据嫁接时期和方法而定。如秋季芽接用的接穗，可采自当年的发育枝，随采随接。春季枝接的枝条，一般选取一年生充实的发育枝。

2. 接穗的处理与贮藏　休眠期采集的接穗，应按品种打成捆，并附加品种标签，埋入窖内或沟内沙藏备用。在贮藏中要注意保湿、保鲜、防冻。早春回暖后，应防止温度过高，控制接穗萌发，以延长嫁接时期。嫁接前，用于单芽切腹接和芽接的接穗不用蘸蜡处理。用于劈接或切腹接的接穗一般剪成长 5～10 厘米的枝段，每个接穗上有 2～4 个饱满芽，接穗应蘸蜡保湿，提高嫁接成活率。

接穗蘸蜡可有效保存接穗内的水分不散失，提高嫁接成活率。接穗蘸蜡的具体操作方法为：将工业石蜡放在铁制或铝制的容器中加热，使石蜡充分熔化，并使温度保持在 90℃ 左右（温度不宜过高或过低。温度过高，接穗在蘸取蜡液过程中容易烫伤，过低接穗蘸取蜡层太厚，易脱落，起不到防护效果）。将剪好的接穗一端在蜡液中迅速蘸一下，蘸蜡部分要超过接穗长度一半以上，然后再调过头来蘸接穗的另一端，注意使整个接穗都蒙上均匀的一薄层石蜡。将蘸好的接穗摊放在阴凉处散热至常温，然后收起保存。接穗量大时，用大铁锅融化石蜡，在蜡液中加入适量清水，使蜡液处于沸腾状态，这样蜡液温度可控制在 100℃ 以内。在细铁丝笊篱中装入适量接穗，把笊篱迅速在蜡液中蘸一下，使接穗全部着蜡，然后将接穗甩放在铺开的塑料布上，防止接穗粘连，等接穗分开晾凉后，收起在低温处保存备用。用笊篱蘸接穗，可大大提高蘸蜡速度。

夏季嫁接采取的接穗应立即剪去叶片和嫩梢，以减少水分的蒸发。如在当天或次日嫁接。可将接穗下端浸入水中，放在阴凉处保存；如隔几天才用，则应在阴凉处挖沟铺河沙，将接穗下端埋入湿沙中，并喷水以保持湿度。接穗远运时，应附上品种标签，然后用塑料膜包好。但夏季要注意通风防止温度过高。

3. 嫁接工具 苗圃中嫁接的砧木都比较细，一般粗度在0.6～2厘米，枝接用修枝剪，芽接用芽接刀即可。

（二）嫁接

1. 嫁接时期 只要条件具备，春夏秋冬一年四季均可嫁接，在苹果常规育苗中春季和秋季嫁接较多，在快速育苗中可以进行冬季根接和夏季芽接。河北保定最适宜的嫁接时间为春季枝接在3月中下旬，春季单芽切腹接在3月5～25日（坐地育苗），T形芽接、嵌芽接、贴芽接在8月中旬至9月中旬，夏季贴芽接、嵌芽接、T形芽接在6月上旬至7月初。

2. 嫁接方法 按照利用接穗的形式不同可分为枝接和芽接两种。枝接是用一段枝条作接穗进行嫁接，包括劈接、腹接、单芽腹接、皮下接、舌接、靠接等方法。枝接的优点是成活率高，接苗生长快。但用接穗多，砧木要求粗，嫁接时间受一定限制。芽接主要有T形芽接、嵌芽接（带木质芽接）、贴芽接等。芽接具有接穗利用率高，嫁接时间长等优点。

苹果苗圃中应用较多的是腹接、单芽腹接、嵌芽接（带木质芽接）、贴芽接、T形芽接等。

（1）劈接 从砧木断面垂直劈开，在劈口处插入接穗的嫁接方法（图 3-1）。劈接接穗削面长，与砧木形成层接触面大，成活后愈合牢固。一般嫁接时间在春季萌芽前，生长季也可以进行绿枝劈接。嫁接时将砧木距地面5～10厘米顺直无疤处平剪平茬，在砧木中间剪一个垂直剪口，长3厘米左右。接穗长5～10厘米。在接穗下部两侧各削1个长3～4厘米的削面。将接穗插入砧木剪口，露出接穗伤口0.5厘米左右（露白），使接穗的形成层和砧木的形成层对齐，如果砧木和接穗粗度不一致，应使一侧对齐，然后用宽3厘米、长20厘米、厚0.003～0.004毫米的塑料条缠紧绑严。

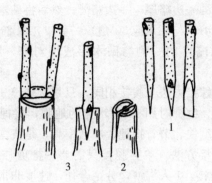

图 3-1　劈　接

1. 削接穗　2. 劈砧木　3. 接合

（2）腹接、单芽腹接　腹接是在砧木一侧向下斜切一刀，将接穗插于接口的嫁接方法（图 3-2）。腹接的接口接触面大，接触紧密，操作简便，成活率高，能够嫁接的时间长，粗细砧木都可嫁接，广泛应用于苗木培育。腹接削接穗和切砧木均可用剪枝剪操作，不仅操作迅速，而且容易掌握。腹接接穗有 2～3 个芽，长 5～10 厘米，嫁接时先把接穗下端两侧剪成略不平行的斜面，

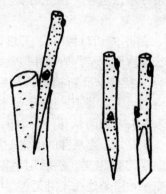

图 3-2　腹　接

两斜面一长一短，长斜面一般长 2～3 厘米，短斜面 1.5 厘米左右，剪出的接穗一边略厚，一边略薄。然后将砧木斜剪平茬，从断面的顶端斜剪（与砧木成 30°角）一剪口，深 2～3 厘米，将接穗插入剪口，略厚的一侧与砧木形成层对齐，用塑料条缠严伤口。

单芽腹接嫁接方法与腹接相同，只是接穗长 3 厘米左右，只有一个饱满芽，缠绑时用 12 厘米宽的地膜，接穗不用蘸蜡。单芽腹接嫁接速度快、节省接穗、成活率高，是我国目前春季枝接广泛应用的嫁接方法。单芽腹接只需要一把剪枝剪，2～3 人 1 组，1～2 人嫁接，1 人绑缚，分工合作，速度非常快。嫁接时在接穗枝条上选一个饱满芽，在芽下用剪枝剪将其两面剪成长 2～3 厘米的斜面，有芽的侧面稍厚，无芽的侧面稍薄，在接芽上部 0.5～1 厘米处剪断，接穗长 3 厘米左右。剪砧木时在砧木距地面 5～10 厘米处斜剪平茬，在斜剪口顶端用修枝剪斜剪一个长 2.5～3 厘米的剪口。然后将接穗插入砧木剪口，接穗稍厚的一面（带有芽的一面）向外，稍薄的一面向内，使砧木与接穗的形成层对齐。用厚 0.006 毫米、宽 12 厘米的农用地膜，从上向下盖住接穗和砧木，然后缠紧绑严，在芽眼处只封一层，其他处可以多缠几道。由于接芽单层包扎，接芽萌发后会自行拱破薄膜，幼苗期无需解除绑缚。

（3）T 形芽接　砧木的切口像一个 T 形，故名 T 形芽接。由于芽接的芽片形状像盾形，又称盾状芽接。嫁接时期一般在夏秋季枝条离皮时进行。夏秋季节新梢生长旺盛，形成层细胞活跃，接穗皮层容易剥离，T 形芽接一般不带木质部。削取接芽时，留叶柄长 1 厘米左右，用刀从芽的下方 1.5～2 厘米处削入木质部，纵切长约 2.5 厘米，再从芽的上方 1 厘米左右处横切一刀，深达木质部，纵横刀口相交，然后用手捏住接芽，取下芽片。在砧木距地面 5～10 厘米处选光滑无疤部位，用芽接刀切一 T 形伤口，深达木质部。用芽接刀刀尖挑开砧木竖刀口，将芽片插入，使芽片上方同 T 形横切口对齐，最后用宽 2～3 厘米的塑料条缠紧绑严（图 3-3）。

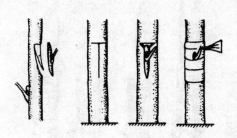

图 3-3 T 形芽接

（4）嵌芽接 是带木质部芽接的一种，春季和生长季节都可应用，砧木离皮与否均可进行，用途广泛、效率高、操作方便。削接穗时，选饱满芽，先从芽的上方 1.5 厘米处向下竖削一刀，深入木质部，长约 3 厘米，深 0.2～0.3 毫米，然后在芽的下方稍斜横切一刀深入木质部，长约 0.6 厘米，与枝条约成 45°角，取下芽片。在砧木距地面 5～10 厘米处选光滑无疤部位切砧木，砧木切口的削法与接芽相同，但比接芽稍长。将接芽嵌入砧木切口，形成层一侧对齐，缠紧绑严（图 3-4）。春季嫁接时，用塑料条缠绑，露出接芽，接后随即剪砧，以利接芽萌发；用地膜缠绑，接芽上覆单层，接芽萌芽后可自行拱出。秋季嫁接时用塑料条缠绑，不露接芽，20 天后解除绑缚，或第二年春季剪砧前解绑。

（5）贴芽接 贴芽接是对嵌芽接的改进，方法更简单，速度更快。该法具有成活率高，嫁接速度快，简单易学等优点。嫁接过程中，一刀削接芽，一刀削砧木，贴芽绑缚，嫁接过程，只需 2 刀（嵌芽接需要 4 刀），嫁接工效提高 1/3 以上。从未从事过嫁接的人，一般 1～2 小时即可学会，当天就可熟练掌握。具体方法是在接穗上选饱满芽，在芽上 1 厘米左右向下削一刀，深 0.2～0.3 毫米，向前平推，经过芽体后向上挑起，削下接芽。

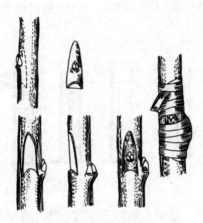

图 3-4　嵌芽接

在砧木嫁接部位选一光滑面，用芽接刀由下向上，由深而浅轻削一刀，削到顶端时改变用力方向，向怀里削，削下木质，削成长 2.5～3 厘米，深 2～3 毫米的嫁接口，应比芽片略大；并把接芽贴在砧木上，尽可能使接芽与砧木的形成层一侧对齐，用塑料条绑严扎紧。春季一般 20 天左右、夏季一般 12～13 天可剪砧解绑，秋季嫁接后 20 天解绑或第二年春季解绑。

（6）根接　以一段粗根或一个完整的砧木苗根系作砧木，用枝接或芽接的方法将接穗嫁接在砧木上，或将粗根或根系嫁接在接穗下部，就是根接。将嫁接好的砧木与接穗的组合体栽植到苗圃，培育成苗。

（三）嫁接后的管理

1. 解绑　枝接苗接穗新梢长 50 厘米以上，嫁接口完全愈合后，应及时去除塑料条。去除过早，不利于伤口愈合，去除过晚产生缢痕，不利于苗木生长。河北保定一般在 6 月上旬较适宜。芽接苗嫁接后半月，嫁接口完全愈合后可解除绑缚物，秋季嫁接的也可在春季萌芽前解除。

2. 补接 芽接苗解除绑缚物后，应及时检查成活率，凡芽片新鲜、伤口愈合良好的为成活，腐烂变质的为死亡，对未成活的应及时补救。枝接苗也应在发现接穗未成活时尽早补接。

3. 剪砧 芽接苗春季萌芽前，在接芽横刀口上方 0.5 厘米处将砧木剪除（剪砧），促进接芽萌发生长。

4. 除萌抹芽 苗木萌芽后，砧木上会发出萌蘖，应及时抹除，以减少营养消耗，促进接穗生长。一般萌蘖长 3～5 厘米时开始除萌抹芽，每隔 20 天左右抹芽 1 次，连抹 3～4 次。

施肥浇水、病虫害防治等其他田间管理参照前述实生砧木苗繁育。

四、矮化自根砧苹果苗的繁育

在矮化自根砧木上嫁接苹果品种繁育而成的苹果苗就是矮化自根砧苹果苗。矮化自根砧木苗的繁育主要方法采用水平压条、垂直压条、扦插和组织培养等营养繁殖方法，生产上常用的为水平压条法。矮化自根砧苹果苗个体间差异小，整齐一致，果园园貌整齐，结果早，产量高，品质好。世界苹果生产发达国家（如美国、法国、意大利）广泛应用矮化自根砧苹果苗建园。

（一）自根砧木苗的繁育

1. 扦插繁殖 扦插繁殖多用于易生根的矮化砧木，常用硬枝扦插和绿枝扦插两种方法。

（1）硬枝扦插 又称成熟枝插。初冬剪取生长健壮、粗度一致、无病虫害、芽眼饱满、充分成熟、色泽正常的一年生枝条，0～5℃条件下沙藏。第二年春天，将矮化砧木枝条剪成 15～20 厘米的枝段（上端剪口平齐，下端呈斜面），按行距 50 厘米、株距 15 厘米插入苗畦，枝段顶端与地面平齐或略高。插后浇水，水渗后覆盖地膜保墒。萌芽前保持土壤湿润，干时浇水，萌芽后撤去地膜，每个枝段上留一个健壮新梢，多余的抹除，繁育成苗。

（2）绿枝扦插　又称半成熟枝插。在植物生长期间截取当年生半木质化带叶的枝条进行扦插。扦插时间在6～7月。选取矮化砧母本园优良植株，剪取其半木质化健壮新梢作为插穗。插穗剪留长8～12厘米，上端距上芽1.0厘米左右平剪，下端剪口在芽下1～3厘米处斜剪，保留上部1～2个叶片。绿枝扦插对空气和土壤湿度要求严格，多在室内迷雾扦插，使枝条周围空气相对湿度达到100%。在苗床安装弥雾装置，苗床用蛭石、细沙作基质，基质在扦插前一天用0.3%～0.5%的高锰酸钾溶液喷淋消毒。将插穗按6～10厘米扦插于苗床内。扦插深度一般为穗长的1/3～1/2。插前可用ABT生根粉等处理插穗，促进生根。用塑料棚和遮阳网遮阳，透光率50%。扦插后10天内插床每隔0.5小时喷水1次，每次5～10秒，保证空气相对湿度90%～100%，白天温度保持在20～30℃，夜间15～20℃。每两周喷一次多菌灵药液消毒。中后期注意通风。扦插30天后插条生根，可逐渐撤去遮阳网。当插穗根系生长到2厘米左右时将幼苗移栽到营养钵内培养。

2. 压条繁殖　目前，生产上M9T337多用此法繁育矮化自根砧苗。压条繁殖又分为水平压条和垂直压条两种。

（1）水平压条

①母株栽植。栽植前深翻土地40～50厘米，施足底肥，整平作畦，畦宽45～90厘米，按行距15厘米宽，在畦面上开15厘米深浅沟，每个畦面可以栽植3～5行。株距略小于苗高，沿行向使植株与地面成30°～45°角栽植。苗床结构见图3-5。

②压条与埋土。春季萌芽前，将母株顺行压成水平状态，固定于浅沟中。各节萌芽后，抹除向下的芽、基部芽和过密的芽，使芽间距保持在5厘米左右。芽抽梢至20厘米左右时，基部开始培锯末或沙土，第一次培锯末或沙土厚度约10厘米，培后浇

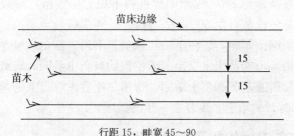

行距 15，畦宽 45～90

图 3-5　水平压条苗床结构示意图（单位：厘米）

水，使枝土密接；以后再培锯末或沙土 2～3 次，厚度达 20 厘米以上。

③分株。秋天落叶后分株。将苗床的培土全部扒开，露出水平压倒的母株苗干及其上一年生枝基部长出的根系；将每个生根的一年生枝在基部留 1 厘米的短桩剪下成为砧木苗，短桩上的剪口要略微倾斜，以便下一年从剪口下萌发新梢后可继续进行培土生根，也可将靠近母株基部 1～2 根生长中等的枝条保留，供翌年再次水平压条用。剪下的砧木苗分级后，窖藏沙培越冬或按行距 50 厘米、株距 15 厘米移栽至苗圃。

④母株处理。剪苗后的原母株苗干，重新培土灌水越冬，待第二年春天扒开母株水平苗干上的培土，隐约露出母株水平苗干及其上的短桩；短桩上的新梢穿土而出，待新梢长至 15 厘米时开始覆盖基质，重复上一年的工作过程。

（2）垂直压条　多用于枝条粗壮直立、硬而较脆的矮化砧木。春季将砧木苗按行距 1 米，株距 30～50 厘米定植在苗圃。萌芽前，将矮化砧木从距地面 15 厘米处短截，待新梢长至 15～20 厘米时，用锯末或湿润细土培土 10 厘米厚。1 个月后，再培土 1 次，厚 20 厘米，随着苗木生长继续覆土到土堆高 45 厘米。生长季节埋入土内的枝条生根，形成根系。秋季落叶后分株，将培土全部扒开，露出一年生枝基部长出的根系，将每个生根的一年生枝在基部留2~3厘米的短桩剪下成为砧木苗，分级后，窖藏沙培越冬或按行距50厘米、株距15厘米移栽至苗圃。短桩上的剪口要略微倾斜，以便下一年从剪口下萌发新梢后可继续进行培土生根。母株苗干上长出的未生根的枝条也要同时短截。分株后应给母树施基肥和覆土防寒。待第二年春天短桩上的新梢长至15厘米时开始培土，重复上一年的工序。

（二）苗木嫁接及接后管理

在栽到苗圃的矮化砧木苗上嫁接苹果品种，繁育成矮化苹果苗。苗木嫁接及接后管理参照乔化苹果苗。

五、矮化中间砧苗的繁育

在实生苗上嫁接矮化砧，在矮化砧上再嫁接苹果品种繁育成的苹果苗为矮化中间砧苗。矮化中间砧苗分为三段，最基部的实生苗为基砧，基砧上嫁接矮化砧，此段矮化砧即为中间砧，或称矮化中间砧，长度一般为20~30厘米；中间砧上嫁接苹果品种，苹果品种抽枝成苗即为矮化中间砧苹果苗。与矮化自根砧苹果苗相比，矮化中间砧苹果苗具有繁育系数高，方法简单，适应性强等优点。

矮化中间砧苗繁育从实生苗播种到成苗出圃一般需要3年完成，快速育苗可2年甚至1年完成。

（一）3年出圃苗的繁育

第一年播种繁育实生苗，秋季或第二年春季在实生苗上嫁接矮化砧，第二年秋季或第三年春季在矮化砧上嫁接苹果品种，矮化砧段长度一般20~30厘米，第三年繁育成苗，第三年秋季或第四年春季出圃。秋季一般采用芽接，春季一般采用枝接。具体繁育过程见图3-6。

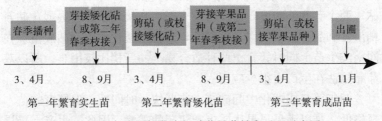

图 3-6　3 年出圃矮化中间砧苹果苗繁育过程示意图

(二) 2 年出圃苗的繁育

1. 分段嫁接法　第一年春季在苗圃播种繁育实生苗。秋季在矮化中间砧苗苗圃矮化中间砧新梢上每隔 30 厘米左右分段芽接品种芽。第二年春季将带有品种芽的矮化中间砧枝段作接穗，嫁接在苗圃的实生砧木苗上，秋季繁育成苗。为保持接穗水分，提高嫁接成活率，接穗要进行蘸蜡处理。

2. 二重枝接法　第一年繁育实生苗，第二年春季将苹果品种接在长 20～30 厘米的矮化砧枝段上，然后将接有品种芽的矮化砧嫁接在实生砧木上，称为二重枝接。这种方法在较好的肥水条件下，当年便可获得质量较好的矮化中间砧苹果苗。接后保护对二重枝接的成功十分重要。可把带有苹果品种接穗的中间砧段进行蘸蜡处理，再嫁接在实生砧木上，并用塑料薄膜包严接口，基部培土少许。少量繁殖苗木时也可将带有苹果品种接穗的中间砧茎段，事先用塑料薄膜缠严，再嫁接到普通砧木上，品种萌发后，要逐渐去除包扎的薄膜，到新梢长 5～10 厘米时才能全部除去。

3. 两次芽接法　第一年播种繁育实生苗，第一年秋季芽接矮化砧；第二年 6 月矮化砧粗 0.6 厘米左右时，在矮化砧上芽接品种，15 天后剪砧解绑，秋季繁育成苗。

4. 双芽靠接法　第一年秋季，在普通砧木实生苗近地面处，相对的两侧分别接上矮化砧和品种芽各一个。第二年，春季剪砧，两个芽都能萌发，夏季将两个新梢靠接，秋季剪去矮化砧新梢上段和品种新梢下段，这样两年即育出矮化的中间砧成苗。在同一实生苗上同时繁育出两种适合靠接的新梢比较困难，所以双芽靠接法在生产上很少应用。

两年繁育成矮化中间砧苗，速度快，时间短，但繁育的苗木规格低，难以满足早果优质丰产建园的需要。因此，生产上仍提倡用 3 年时间繁育矮化中间砧优质苗木。

六、组培 * 快繁和脱毒苗繁育

（一）组培快繁

利用组培的方法快速繁育苹果苗或矮化自根砧木苗，具有节省育苗地、不受季节限制、育苗周期短、繁育系数高等优点，缺点是需要一定的仪器设备，要求技术较高，成本较高。

1. 外植体的灭菌　取苹果矮化砧木未萌芽枝条，水培于光照培养箱内（温度 25℃），隔天更换清水 1 次，芽萌发后取大于 1.5 厘米的嫩梢，用流水冲洗，将冲洗干净的材料放入三角瓶中。在超净工作台上用 70％ 乙醇消毒 30 秒，然后用 0.1％ 的氯化汞溶液消毒处理 8 分钟，再用无菌水冲洗 4～5 次。

2. 启动培养　将经灭菌处理的外植体，切掉变褐损伤部分，接种于启动培养基上，培养在光照培养室内，温度（25±2）℃，光照度 1 500～2 000 勒克斯，光/暗周期 12 时/12 时。1 周后更换 1 次培养基，以防止褐化。经 40～50 天培养后，形成丛生芽。

苹果砧木的组培快繁培养基大多以 MS 为基本培养基（附加蔗糖 30 克/升＋琼脂 6 克/升）。植物调节剂种类及浓度因品种不

　　＊ 组培即组织培养。

同、研究者不同也有所差异（表 3-2）。

3. 继代培养 外植体形成丛芽后，将丛生芽从基部切开，切割为 1.5 厘米左右的茎段，接种到继代培养基上，每瓶接种 5～6 个茎段，培养条件同启动培养。30～40 天后，可重复继代，直至数量达到要求后，进入生根培养。

继代培养基多与启动培养基相同或稍做调整。对相同砧木，不同研究者的研究结果也不尽相同（表 3-2）。

4. 生根培养 选择生长健壮、长势一致、高度 2 厘米以上的健壮的继代苗，接种到生根培养基中，培养条件基本同启动培养。

基本培养基多为 1/2 MS（附加蔗糖 15 克/升，琼脂 6 克/升），植物调节剂种类及浓度因品种以及研究者的不同略有差异。

表 3-2　几种常用苹果矮砧组培快繁的植物生长调节剂配比（毫克/升）

砧木类型	启动培养基	继代培养基	生根培养基	研究者
	6-BA 1.0＋NAA 0.1	6-BA 1.0＋IBA 0.1	IBA 0.3＋NAA 0.1	赵亮明等，2011
M9	6-BA 1.0＋NAA 0.5	6-BA 1.0＋IBA 0.1	IBA 0.3＋NAA 0.1	余亮，2013
	6-BA 0.35＋NAA 0.025	6-BA 0.4＋IBA 0.3	—	杨蕊，2013
	6-BA 1.0＋NAA 0.1	6-BA 1.0＋IBA 0.1	IBA 0.3＋NAA 0.1	赵亮明等，2011
M26	6-BA1.0＋NAA0.5	6-BA 1.0＋IBA 0.1	IBA 0.3＋NAA 0.1	余亮，2013
	6-BA 0.35＋NAA 0.025	6-BA0.4＋NAA 0.027	IBA 0.28＋IAA 0.8	杨蕊，2013
71-3-150	6-BA 1.0＋NAA 0.05	6-BA 1.0＋NAA 0.05	IAA 1.0＋IBA 0.6	王淼淼等，2014b
平邑甜茶	6-BA 1.0＋NAA 0.1	6-BA 1.0＋IBA 0.3	IBA 0.3	赵亮明等，2011
77-34	6-BA 2.0	6-BA 1.0＋IBA 0.4	IAA1.5＋GA3.0＋IBA0.2	姜淑荣等，1999

5. 炼苗与移栽 生根培养 20 天后，将生根苗移到温室中炼苗，3～5 天后，去掉封口膜。2 天后将组培苗从瓶中取出，用清水将根部残留的培养基冲洗干净待用，注意尽量不要伤根系。将蛭石和草炭（体积比 1∶1）拌匀后放入营养钵中，添加量为 2/3，另 1/3 用纯蛭石。将冲洗干净的组培苗移栽至营养钵中，

移栽后立即用 0.1% 多菌灵溶液浇透。搭塑料小拱棚覆盖，并注意遮阳。以后每 3 天喷 1 次多菌灵溶液，经过 2 周左右，长出新叶，小拱棚逐渐放风，直至撤除。

待苗长到 20 厘米以上时，移至室外背阴处或用遮阳网遮阳。3 天后，逐渐加强光照，直至适应露地环境，一般在室外炼苗 10～15 天即可。出苗前 5 天要控水控肥，定植前 1 天，将营养钵浇透，带基质定植于苗圃。

(二) 脱毒苗繁育

苹果脱毒苗指经检测脱除国家规定的 6 种病毒即苹果茎痘病毒（ASPV）、苹果茎沟病毒（ASGV）、苹果褪绿叶斑病毒（ACLSV）、苹果锈果类病毒（ASSVd）、苹果花叶病毒（APMV）、苹果绿皱果病毒（ADF）的苹果苗。

1. 繁育脱毒苗的意义　果树病毒是指能够侵染果树发病，导致果树生长结果不良的病毒和类菌原体。20 世纪 80 年代检测结果表明带毒株率较高，近年来新建苹果园病毒病发生较普遍，并且锈果病发病率有逐年上升的趋势，个别重发园花脸型锈果病病株率达到 30% 以上，花叶病病株率达到 50% 以上。被病毒侵染的苹果树枝条发芽率降低，生长量减少，花芽分化少，产量降低，减产率一般为 20%，严重的减产 70%～90%，果实品质下降，甚至不能食用，果树需肥量增加，但是肥效却很差。

苹果一旦感染病毒，一般即终身带毒，且病毒量逐年增加，目前尚没有化学药剂能有效预防病毒病的发生。栽植脱毒苗木是防治果树病毒病危害的有效途径。实践表明，繁育脱毒苗木，建立脱毒果园，树势健壮，单位面积产量高，果实品质好，经济效益明显提高。

2. 脱毒方法　病毒脱除是繁育脱毒苗木的基础。采用热处理、茎尖培养等方法，能够成功脱除多种病毒，其中二者结合效果更好。

（1）热处理脱毒法

①脱毒材料准备。于 4 月中旬，从待脱毒品种植株上剪取接穗，采用切接法嫁接在盆栽实生砧苗上，每品种 10～15 盆。

②热处理。翌年 2 月上、中旬将待脱毒盆栽苗移入温室，从地面以上 20 厘米剪截留 3～5 个饱满芽。同时将盆栽砧木移入温室，使其萌动生长。待脱毒苗萌动长出幼叶后，移入恒温热处理箱内，将温度控制在 28～30℃。3～5 天后待盆栽苗长出 3～5 片新叶时，将温度调至（37±1）℃，进行热处理并开始计时。

③嫩梢嫁接。热处理 28 天后，从抽发的新梢顶端，切取 1.0～1.5 厘米的嫩梢，采用劈接或皮下嫁接法嫁接在预先准备好的盆栽实生砧木上，用塑料薄膜包扎，并套上白色透明塑料袋保温，放阴凉处，2 周后取下塑料袋，约 10 天后再移入温室内有阳光处，待长出 3～5 片新叶后移到室外锻炼 10～15 天，即可移入苗圃，按正常苗进行管理。

④病毒检测。于 6 月上旬采取脱毒苗新叶进行病毒检测，确认无指定病毒后，可作为无病毒原种母树，繁殖无病毒苗木。

试管苗也可用于热处理脱除毒。将经转接新培养基后开始生长的试管苗置于 37～40℃恒温培养室中，培养 3～4 周后剪取长出的新茎尖，继续培养，有一定生长量后进行病毒检测，选定无病毒原种。

（2）茎尖培养脱毒法 从母株上截取 2～3 厘米生长正常的新梢顶端，消毒灭菌后在解剖镜下切取 0.1～0.2 毫米大小的茎尖，接种在芽培养基上。茎尖培养脱毒率的高低主要取决于切取茎尖的大小，茎尖大于 0.2 毫米难以脱除病毒，茎尖越小，脱毒率越高，但茎尖过小不易培养成活，并增加了发生变异的可能性。

（3）热处理结合茎尖培养脱毒法 茎尖培养脱毒所取茎尖过小影响成活率，热处理可以将茎尖的无病毒区扩大至 2～5 毫米，热处理后茎尖大小可切到 1 毫米左右，易分化出苗，在理论上可减少变异后代的发生率，而且省去了热处理后嫩梢嫁接环节。尤其适用于单独热处理或茎尖培养难以脱除的病毒，如单独热处理或茎尖培养难以脱除的 ASGV 等病毒。

具体做法是：将盆栽苗进行热处理 3～5 周后，剪取在处理中长出的新枝茎尖约 1 毫米，接种于培养基上，培养出苗后进行病毒检测。用盆栽苗进行热处理和茎尖培养相结合的方法存在耗工费时等问题，完成一个脱毒过程和检测需 3～4 年。

以试管苗为材料进行热处理，所用设备简单方便，不受季节限制，可在室内进行，并可利用较少的空间处理较多的材料。以继代苗为试材，在 24℃下暗培养 2 天后，直接置于 38℃/32℃下变温暗培养 30 天，切取 2 毫米左右的茎尖进行继代培养，有一定生长量后进行病毒检测。

除以上脱毒方法外，还有微体嫁接法、应用抗病毒剂等，不管采取哪种脱毒方法获得的脱毒材料，都必须进行病毒检测，确保将病毒脱除后，才可作为脱毒原种母本树，用来繁育苹果脱毒苗木。

3. 苹果病毒的检测方法　病毒的检测是研究和确认苹果树的病毒病害，特别是潜隐性病毒病害，确定和获得脱毒材料的重要技术环节。常用的苹果病毒检测方法主要有以下几种：

（1）指示植物法　绝大多数病毒类病害的病原物具有特定的寄主范围。其中，有的寄主植物对特定的病原物十分敏感，受感染后，很快表现明显、特定的症状，这种寄主植物就被用作该病毒的指示植物，又称鉴别寄主。鉴定和检测苹果褪绿叶斑病毒、苹果茎痘病毒和苹果茎沟病毒可分别采用苏俄苹果（Russia 12740-7A）、光辉（R65-76 Radiant）和弗吉尼亚小苹果（Virginia crabk-6）这 3 种木本指示植物。病毒接种到指示植物上的方法有汁液摩擦接种法、嫁接接种法、昆虫传毒鉴定法等。

指示植物鉴定优点是鉴定条件简单，不需要仪器，操作方便，结果准确可靠、直观、灵敏度较高，目前仍是国际上通用的一种传统的、经典的检测方法，该方法的缺点是所需时间较长，占用土地较多，费用较高，病毒需要累积到一定量才能表现出症状，检测速度慢。

（2）血清学鉴定法　利用抗原和其在机体内刺激产生的特异性抗体相结合产生的沉淀反应来进行病毒检测鉴定的方法，包括沉淀反应、凝集反应、荧光抗体法、单克隆抗体测定法、酶联免疫吸附测定法、免疫电镜等。

（3）电镜检查法　通过电镜在病毒的超薄切片或部分纯化的病毒悬浮液中，直接观察、检查出有无病毒存在，并可得知有关病毒颗粒的大小、形状和结构。其优点是快速直观、灵敏度很高。但电镜检测法所需设备昂贵；制备样品需选取病毒浓度较高的组织，而果树病毒浓度低且分布不均匀；操作者需要一定的病毒形态结构的基础知识和操作技能；电镜检测工作量相对集中，不适合多个样本处理，因此电镜检查法在苹果病毒检测中应用较少。

（4）分子生物学法　通过检测病毒核酸来证实病毒的存在。由于是从核酸水平检测病毒，所以比血清学方法的灵敏度更高，可检测到 pg 级甚至 fg 级，并且特异性更强，检测病毒的范围更广，对各种病毒、类病毒都可以检测，并且可以进行大批量的样本检测（Vera et al.，1996）。目前常用聚合酶链式反应（PCR-Polymerase Chain Reaction）进行苹果病毒检测，包括反转录聚合酶链式反应（RT-PCR）、实时荧光定量 PCR（FQ-PCR）技术等。

（5）酶联免疫与 PCR 相结合的方法（PCR-ELISA）PCR-ELISA 是将 PCR 和 ELISA 结合起来的一种新的检测方法，它是在液态条件下，将已经免疫酶化的 PCR 扩增产物用酶联免疫分析仪进行读数并分析结果，而不需要进行电泳分析。这种高灵敏的鉴定方法已经用在诊断苹果茎沟病毒。

4. 脱毒苗木繁育体系　苹果脱毒苗木繁育体系指经国家或

省（直辖市、自治区）主管部门核准，由不同单位组成的完成苹果脱毒苗木生产的各层次、各环节任务的组织整体。苹果脱毒苗木繁育体系包括脱毒原种保存圃、脱毒母本园及脱毒苗木繁殖圃3部分。

（1）苹果脱毒原种保存圃　苹果脱毒原种指苹果品种和砧木，经过脱毒处理、田间选拔、直接引进经检测后，确认不带已知病毒或指定病毒的原始植株。

苹果脱毒原种保存圃承担脱毒原种的繁育、保存的任务，负责进行主要苹果品种和砧木的脱毒、繁育和从国内外引进脱毒原种，向脱毒母本园提供脱毒苹果品种、无性系砧木原种，协助母本园单位建立脱毒品种采穗圃，砧木采种园和无性系砧木压条圃。国家和省级脱毒原种保存圃由农业部确认。

（2）苹果脱毒母本园　脱毒母本园包括脱毒苹果品种采穗圃、脱毒砧木采种园、脱毒无性系砧木压条圃。母本园承担单位由农业部和各省（自治区、直辖市）主管部门核准认定。母本园的繁殖材料由原种保存单位提供，并接受病毒检测机构的定期病毒检测，一旦发现问题立即更换。母本园承担单位负责向育苗单位供应各种脱毒品种接穗、砧木种子和苗木。生产脱毒苗的母本园，应与周边生产性苹果、梨的果园和常规苹果、梨苗圃间隔50米以上。

（3）苹果脱毒苗木繁殖圃　繁殖圃种子、无性系砧木繁殖材料和接穗，都必须来自脱毒母本园，不允许从苗木上采接穗进行以苗繁苗。苹果脱毒苗木繁育单位负责脱毒实生砧、无性系砧木的繁殖和嫁接栽培品种，向生产单位供应苹果脱毒苗木。苹果脱毒苗木繁育单位由省级主管部门核准认定，并颁发苹果脱毒苗木生产许可证，同时还应有上级主管部门根据母本园提供接穗量确定的脱毒苗木准产数量证明。

5. 脱毒苗木的繁育

（1）苗圃的建立　苗圃地选择地势平坦，有灌溉条件，土壤肥沃，有机质含量丰富，酸度适中，距一般苹果、梨园或一般生产性苗圃 50 米以上，5 年没有种植过苹果、梨或育苹果、梨苗，交通便利的地方。苗圃规划应从便于管理的角度出发，划分为若干小区。规划出实生苗播种区、无性系砧木繁殖区、成苗培养区以及休闲区等。按规划设计出各级道路、排灌系统，并统筹安排，平整土地，改良土壤，以及增施有机肥。

（2）实生砧木繁育　砧木种子必须采自脱毒砧木采种园或经病毒检测确认脱毒的种子。秋季或早春播种。播前每亩施有机肥 2 500～3 000 千克，磷肥 100 千克，深翻土地，平整作畦，施用杀菌剂和杀虫剂进行土壤消毒。播种方法和田间管理与一般生产性苗圃相同。

（3）无性系砧木繁育　无性系砧木繁殖材料，必须来自脱毒母本园。繁殖方法有 3 种：一是直接从脱毒母本园引进无性系砧木自根苗，经过 1 年集中繁育，秋季嫁接栽培品种；二是从脱毒母本园采集无性系砧木种条，嫁接在脱毒的实生砧木上，准备培养中间砧木，然后再嫁接无毒品种接穗；三是用组织培养方法快速繁殖脱毒无性系砧木。

（4）嫁接苗的管理　接穗必须从脱毒苹果品种采穗圃采集，剪下的接穗立即剪去叶片，按株分扎成捆，并登记母本树的品种（品系）名称、采集时间。秋季采用芽接法，春季采用枝接法，接后要按品种、品系分别记载。补接时，必须保证与原来嫁接的母株相同，否则不予补接。

七、带分枝大苗的繁育

据美国康奈尔大学介绍，带分枝大苗是指基部干径在 1.6 厘米以上，苗高 2 米以上，在合适的分枝部位（距地面 80 厘米以上）有 10 个以上的分枝，长度在 40～50 厘米，主根健壮，侧根多，大多数长度超过 20 厘米，毛细根密集，无病虫害的优质苗木。与普通苗建园相比，应用带分枝大苗建园，果园整齐度高，结果早，见效快，栽植密度更高，更适宜矮化密植，整形修剪更容易，能够提前 1～2 年结果，早期产量高，效益好。在苗圃中，带分枝大苗采用 2～3 年繁育而成。

（一）带分枝大苗繁育关键技术

选择肥沃土地建立苗圃，加强肥水管理是繁育优质带分枝大苗的基础。繁育带分枝大苗的关键技术主要是合理的育苗密度和促分枝技术。

1. 育苗密度　美国康奈尔大学研究表明，苗圃中以 M9 作砧木嫁接乔纳金和 Golster 品种培育带分枝大苗，育苗密度以株距 45～60 厘米，行距 70～100 厘米，每亩留苗 1 111～2 117 株效果最好。以行株距 70 厘米×45 厘米，每亩栽植 2 100 株最经济。在美国，为便于机械操作，一般行距为 1 米，株距为 30～45 厘米。育苗密度对苗木质量影响很大，留苗密度过大很难繁育出优质大苗，但育苗密度过低，会影响经济效益。

2. 促分枝技术　促进苗木分枝一般有机械方法（扭转叶片）和化学方法（喷施或涂抹生长调节剂）两种。

（1）机械方法（摘叶扭梢）　苗高 80～100 厘米时开始摘叶扭梢，摘除新梢顶端 4～5 个叶片，并将新梢顶端扭伤，促进摘叶部位萌芽生枝；以后新梢每长长 25～30 厘米处理 1 次，一直到 7 月下旬处理结束。

（2）化学方法　常用以下几种方法：

① 喷施生长调节剂 6-苄基腺嘌呤（6-BA）或普洛马林（6-BA 与赤霉素的混合物）。苹果苗木高 80～100 厘米时，对生长点喷施 6-BA 或普洛马林 500 毫克/升溶液，2 周 1 次，连喷 4～5 次，对大多数苹果品种都能非常有效地促进发枝。喷药前，将苗木 80 厘米以下自然发生的分枝从基部疏除，80 厘米以上的侧生枝基部留一芽重短截，使其重新发枝。

② 涂抹抽枝宝。苗高 100 厘米以上时，自苗木 80 厘米向上用抽枝宝涂抹嫩芽，促进萌发成枝，隔 2 芽涂抹 1 芽，涂抹到新梢顶端 20 厘米处，每 2 周涂 1 次，从 6 月上中旬一直涂到 7 月下旬。

③ 喷施生长调节剂与涂抹抽枝宝或摘叶扭梢相结合。喷施生长调节剂发枝不理想时，用抽枝宝在缺枝部位涂抹嫩芽使抽枝补空。

（二）繁育过程

1. 矮化自根砧带分枝大苗繁育

（1）2 年育成。有以下 2 种方法。

① 第一年春季直接栽植矮化自根砧成品苗，萌芽前自品种嫁接口上 5～10 厘米留饱满芽重短截，培育健壮的单干苗。第二年春季萌芽前距地面 70 厘米短截，剪口留饱满芽。新梢长 3～5 厘米时，留顶端健壮新梢，抹除下部所有新梢，顶梢弱时换头。苗高 80～100 厘米时喷 6-BA 或普洛马林促分枝，年底繁育成带分枝大苗。此方法第一年栽植缓苗，第二年培育成苗，如果第一年直接在 70 厘米处短截，苗木生长弱，难培育成带分枝大苗。

② 第一年春季定植矮化自根砧苗木，定植后枝接品种，当年培育成矮化自根砧苹果苗。第二年距地面 70 厘米处短截，其他管理同方法①的第二年。

（2）3 年育成。第一年春季定植矮化自根砧苗木，第一年秋季芽接或第二年春季枝接品种，培育成矮化自根砧苹果苗，第三年苗高 80～100 厘米时喷 6-BA 或普洛马林促分枝，年底繁育成带分枝大苗。

2. 矮化中间砧带分枝大苗繁育

（1）2 年育成。第一年直接定植矮化中间砧成品苗或芽苗，萌芽前成品苗重短截，芽苗剪砧，当年培育成健壮的单干苗；第二年春季萌芽前距地面 70 厘米短截，苗高 80～100 厘米时喷 6-BA 或普洛马林促分枝，年底繁育成带分枝大苗。

（2）3年育成。第一年培育砧木实生苗，第一年秋季芽接或第二年春季枝接矮化中间砧，第二年秋季芽接品种芽；第三年春季芽苗剪砧，苗高 80～100 厘米时喷 6-BA 或普洛马林促分枝，年底繁育成带分枝大苗。

八、苗木出圃

（一）起苗与分级

1. 起苗前的准备 起苗可于秋季土壤结冻前进行，须调运外地的可适当提早，也可春季土壤解冻后至苗木发芽前起苗。起苗前应对田间苗木情况作一调查并做好标记，防止苗木混杂。土壤干燥宜在起苗前 2～3 天灌水。

2. 起苗和分级 小型苗圃一般采取人工起苗或挖掘机起苗，应严格作业质量，确保根系完整。为了提高起苗质量和工效，较大的苗圃可用起苗机起苗。起苗机为后悬挂式结构，配套动力为四驱轮式或履带式拖拉机（功率≥58.88 千瓦）。河北农业大学刘俊峰教授团队研究表明：在每亩育苗 6 670 株（株行距 20 厘米×50 厘米）的情况下，起苗机起苗生产率约 2.1 亩/小时，233 株/分钟，1 天作业 8 个小时，起苗 16.8 亩，配备 10 个人拾苗和扎捆，人工费每人每天按 60 元计算，共需 600 元。油耗和机械折旧按 30 元/亩计算，每天需 504 元。机械起苗平均每亩的起苗费用为 65.7 元；若人工起苗按 1 分钟/株计算，每亩需用工 14 个，人工按 60 元/个计算，每亩起苗费为 840 元。机械起苗比人工起苗每亩节约费用 774 元。人工起苗挖掘深度平均为 21 厘米，机械起苗深度为 30～40 厘米。机械起苗根系好，成本低，效率高。

苗木分级对定植后果园整齐度有很大影响、必须严格按国家标准 GB 9847—2003《苹果苗木》进行分级，分级标准见表 3-3。

表 3-3　苹果苗木分级标准（GB 9847—2003）

项目		等级		
		一级	二级	三级
基本要求		品种和砧木类型纯正，无检疫对象和严重病虫害，无冻害和明显的机械损伤，侧根分布均匀舒展，须根多，接合部和砧桩剪口愈合良好，根和茎无干缩皱皮		
粗度≥0.3厘米、长度≥20厘米的侧根数（条）（非矮化自根砧）		≥5	≥4	≥3
粗度≥0.2厘米、长度≥20厘米的侧根数（矮化自根砧）		≥10		
根砧长度（厘米）	乔化砧苹果苗	≤5		
	矮化中间砧苹果苗	≤5		
	矮化自根砧苹果苗	15~20，但同一批苹果苗木变幅不得超过5		
中间砧长度（厘米）		20~30，但同一批苹果苗木变幅不得超过5		
苗木高度（厘米）		≥120	100~120	80~100
苗木粗度（厘米）	乔化砧苹果苗	≥1.2	≥1.0	≥0.8
	矮化中间砧苹果苗	≥1.2	≥1.0	≥0.8
	矮化自根砧苹果苗	≥1.0	≥0.8	≥0.6
倾斜度（°）		≤15		
整形带内饱满芽数/个		≥10	≥8	≥6

（二）苗木检疫

苗木检疫是在苗木调运中，国家以法律手段和行政措施，禁止或限制危险性病、虫、杂草等有害生物人为传播蔓延的一项国家制度。按国家标准 GB 8370—2009 规定，属于我国对内检疫的苹果病虫害有苹果蠹蛾。此外，部分地区也制定了本地的植物病虫害检疫名录。苹果苗出圃必须经当地植物检疫机构检疫，获得苹果苗木产地检疫合格证后方可调运外地。

（三）苗木的消毒、包装和运输

1. 苗木的消毒　苗木包装前要进行消毒。可用 3～5 波美度石硫合剂或 1∶1∶100 倍波尔多液浸苗 20 分钟，再用清水冲洗根部。也可用熏蒸法消毒，在 1 000 米³ 的苗库或密闭的房间内，用 900 毫升水缓慢加入 450 毫升硫酸，再加 300 克氰酸钾，熏蒸 1 小时。操作人员做好安全防护，兑药后立即撤离，熏蒸 60 分钟后，开窗通风换气后再进入，以防中毒。

2. 苗木的包装和运输　苗木运输前，可用稻草、草帘、蒲包、麻袋和草绳等包裹绑捆。每捆 10～50 株，捆内苗根和苗茎要填充保湿材料，以达到不霉烂、不干、不冻、不受损伤等为准。包内外要附有苗木标签，以便识别。苗木运输要注意适时，保证质量。汽车自运苗木，途中应有帆布覆盖，做好防雨、防冻、防干、防湿等工作。到达目的地后，要及时接收，尽快假植或定植。

（四）苗木的假植和贮藏

1. 苗木的假植　苗木要现起现栽，防止失水，确保栽植成活。不能及时栽植的要进行假植。假植分临时假植和长期假植。苗木不能及时栽植，需短时间保存的应临时假植。临时假植时选阴凉处将苗木斜放或放倒，苗木根系用湿沙或土埋严，地上部用杂草等物覆盖保湿。需要长期或越冬保存的苗木应长期假植。秋末起苗后，在背风、向阳、高燥处挖假植沟。沟宽 100 厘米、沟深和沟长分别视苗高、苗量确定。挖 2 条以上假植沟时，沟间平行距离应在 2 米以上。将分级的苗木挂好标签，斜放于假植沟内，填入湿沙或湿润细土，使苗的根、茎与沙、土密接，地表填土呈堆形，苗梢应埋入土堆以下。

2. 苗木的贮藏 苗木一般采用假植的方法贮藏，现代企业用冷库贮藏效果更好。将苗木贮藏在 1~2℃冷库内，根系用湿沙或湿锯末保湿。冷库贮藏温湿度变化小，营养损耗少，不容易腐烂变质，苗木贮藏质量好。

第四章
高标准建园

　　苹果是多年生植物，一经栽植一般要在园地生长、结果多年，因此园地条件及建园规划、建园技术等都将对苹果生产产生重要影响。

一、园地选择

　　苹果原产于夏季空气干燥、冬季气温冷凉的地区。对苹果生长发育起主导作用的气候条件是气温，其次是降水、日照及风等。现代苹果建园除考虑上述因素外，还要求产地空气清新、水质纯净、土壤未受到污染、远离交通要道、粉石场等污染源。无公害和绿色苹果生产产地空气中各项污染物指标要求见表4-1、表4-2。

表4-1　无公害苹果产地空气环境质量要求

指标	日平均	1小时平均
总悬浮颗粒物（毫克/米³）≤	0.3	—
二氧化硫（毫克/米³）≤	0.15	0.50
二氧化氮（毫克/米³）≤	0.12	0.24
氟化物（F）≤	7微克/米³	20微克/米³
	1.8微克/（分米²·天）	—

　　注：①4种污染物均按标准状态计算。②日平均指任何1日的平均浓度，1小时平均指任何1小时的平均浓度。

表 4-2 绿色苹果产地空气中各项污染物的指标要求（标准状态）

（引自 NY/T391—2000）

项目	日平均	1 小时平均
总悬浮颗粒物（毫克/米³）≤	0.3	—
二氧化硫（毫克/米³）≤	0.15	0.50
氮氧化物（毫克/米³）≤	0.10	0.15
氟化物（F）≤	7 微克/米³	20 微克/米³
	1.8 微克/（分米²·天）（挂片法）	—

注：①日平均指任何 1 日的平均指标，1 小时平均指任何 1 小时的平均指标。②连续采样 3 天，1 日 3 次，晨、午和晚各 1 次。③氟化物采样可用动力采样滤膜法或用石灰滤纸挂片法，分别按各自规定的指标执行，石灰滤纸挂片法挂置 7 天。

（一）立地条件

1. 地形 适宜栽植苹果的地形包括平地、山地、丘陵地、高原等。平地指地势较为平坦，或向一方轻微倾斜或高度差不大的波状起伏地带。在同一平地范围内，气候和土壤因子基本一致，通常情况下，平地果园水土流失较少，土层较深厚，有机质含量较高，有利于果树生长和结果，但果园通风、日照和排水不如山地和高原地带的果园。造成果实的色泽、含糖量、风味等比山地和高原果园差。

我国是多山国家，利用山地发展苹果生产对调整和优化山区经济结构，促进山区农民脱贫致富，具有重要意义。山地空气流通，日照充足，昼夜温差大，有利于糖分的累积、果实着色和优质丰产，但山地也存在气候多样、交通不便、土层较薄、水土易流失等问题，因此建园时应综合考虑海拔高度、坡向、坡形、坡度等因素。山区建园园址应选择在背风向阳、光照充足、地势平坦、能灌能排、坡度在 20°以下的区域。

丘陵地是介于平原和山地之间过渡性地形，坡度一般较山地和缓。丘陵顶部与麓部相对高度差小于 100 米的丘陵为浅丘，相对高差 100～200 米的为深丘，浅丘的特点近于平地，深丘的特点近于山地。浅丘地势较平坦、通风透光、排水良好、交通便利，是理想的建园地点。

2. 土壤   土壤是苹果正常生长发育的重要物质基础，良好的土壤条件可以满足苹果对水、肥、气、热的要求。土层深厚，排水良好，酸碱度适宜，保肥保水能力强，有机质丰富，是栽植苹果的理想土壤。一般要求土层深度 1 米以上，地下水位在 1.5 米以下，土壤有机质含量 1.5% 以上，土壤氧气浓度为 10%～15%，酸碱度（pH）5.4～6.8，总盐量低于 0.28%，土壤质地以沙壤土为最佳。土壤 pH 低于 4.0 生长不良，高于 7.8 易出现失绿现象。

土层深厚、土质肥沃有利于根系的生长，使树体在养分、水分各方面都得到良好的供应。土层过浅，或地下水位过高，苹果树生长发育不良。而土壤过黏，特别是心土黏重紧实，孔隙度小，透气性差，不利于果树根系的生长，表现为树势弱，产量低，品质差，病虫害严重，建园时应尽量避免或进行改良。在土层不足 70 厘米的山地建园时，必须通过放树窝子扩穴，使土层深度达到 0.8～1 米。在深层为片麻岩的地方，由于其易风化，建园时其土层深度可降低要求。

除上述要求外，生产无公害苹果和绿色苹果，土壤还应符合表 4-3、表 4-4 中的要求。

表 4-3   无公害苹果产地土壤环境质量要求（毫克/千克）

指标	pH<6.5	pH 6.5～7.5	pH>7.5
镉≤	0.3	0.3	0.6
汞≤	0.3	0.5	1.0
砷≤	40	30	25
铅≤	250	300	350
铬≤	150	200	250
铜≤	150	200	200

表 4-4 绿色苹果产地土壤各项污染物的指标要求
（引自 NY/T391—2000）（毫克/千克）

指标	pH<6.5	pH 6.5～7.5	pH>7.5
镉≤	0.3	0.3	0.4
汞≤	0.25	0.3	0.35
砷≤	20	20	15
铅≤	50	50	50
铬≤	120	120	120
铜≤	50	60	60

3. 水文 地下水位在 1.5 米以下，地下水矿化度与盐分含量不能超标，有灌溉条件，灌溉用水水质纯净，生产无公害苹果和绿色苹果，灌溉用水应符合表 4-5、表 4-6 的要求。要有良好的排水系统，无季节性积水、水淹等。

表 4-5 无公害苹果产地农田灌溉水质量要求

指标	指标值	指标	指标值	指标	指标值
pH	5.5～8.5	石油类≤	10	总铅≤	0.1
氰化物≤	0.5	总汞≤	0.001	总镉≤	0.005
氟化物≤	3.0	总砷≤	0.1	六价铬≤	0.1

注：pH 无单位，其余 8 项指标的单位均为毫克/升。

表 4-6 绿色苹果产地灌溉水中各项污染物的指标要求
（引自 NY/T391—2000）（毫克/升）

指标	指标值	指标	指标值	指标	指标值
pH	5.5～8.5	石油类≤	10	总铅≤	0.1
氟化物≤	2.0	总汞≤	0.001	总镉≤	0.005
六价铬≤	0.1	总砷≤	0.05		

4. 生物 调查园地生物组成，包括植物种类、群落类型以

及病虫害状况等，特别是园地周边与苹果病虫危害共生的侧柏等植物，防止建园后病虫交叉危害。

5. 人为活动 调查土地利用的历史沿革及现状，了解农作物和果树种植、农药和化肥使用等情况，为建园采用不同的技术措施打下基础。园地要避开交通主干线，远离污染企业和人口密集区，避免人为活动造成的环境污染。

（二）环境条件

1. 温度 苹果在较冷凉干燥的气温下生长发育良好，且果实品质最佳。气温是影响苹果生长发育的重要生态条件之一，它决定了苹果是否能够生存和正常生长发育，也是影响果实品质的一个重要因素。

（1）年平均气温。从世界苹果产区的分布来看，苹果集中在南北半球的温带地区，年平均气温在 7～13.5℃。我国苹果适宜区年平均气温在 8～14℃，最佳适宜区为 8.5～12℃。

（2）冬季气温。冬季气温决定了苹果能否通过休眠和安全越冬。苹果是北方落叶果树，冬季需要休眠，只有正常通过休眠，第二年春季才能正常生长发育。休眠期要求一定的低温并持续一定时间才能度过休眠，但温度太低容易造成越冬伤害甚至死亡；而温度过高或低温持续时间太短满足不了苹果休眠的需冷量。一般冬季最冷月（1月）平均气温不低于−14℃，也不高于7℃，极端低温−27℃以上为合适，低于−30℃时会发生严重冻害，−35℃即冻死，但小苹果可以忍耐−40℃低温。

（3）生长期气温。从萌芽到落叶为苹果生长期。这一时期的温度对苹果生长发育有着明显的影响，一般平均气温应达到13.5～18.5℃。在生长期内，不同时期对温度的要求有所不同：春季日夜平均温度 3℃以上时，地上部开始活动，8℃左右开始生长，15℃以上生长最活跃；开花期适温为 15～25℃，气温过低，易使苹果花果受冻。受冻的临界气温是：芽萌动−8℃（持续 6 小时以上），花芽受冻；花蕾期遇 $-4\sim-2.8℃$ 低温，花蕾受冻；开花期 $-1.7\sim2.2℃$，雌蕊受冻；幼果期 $-1.1\sim2.5℃$，幼果受冻，受冻的幼果表现为萼片周围出现程度不同的木栓化组织，即"霜环"。另外，花期气温过低，影响传粉昆虫活动，如蜜蜂在 14℃ 以下几乎不活动，影响授粉坐果。气温过高，花期缩短，花粉败育比例提高，雌蕊柱头分泌物和水分蒸发快导致授粉不良，坐果率降低。6～9 月平均气温宜在 16～24℃。花芽分化期日平均温度在 20～27℃，有利于花芽分化，日温差越大，花芽形成率越高。

夏、秋季温度与果实生长和品质形成有密切关系。据研究，果实发育以 25℃ 上下最为适宜，过高过低都会影响果实生长。夏、秋季昼夜温差越大，果实增长越快，着色越好，含糖量越高，风味越浓郁。温度过高，味淡、着色差。因此，优质苹果生产基地夏季温度较低，6～8 月平均气温在 18～22℃，相对湿度为 60%～70%，成熟前 30～35 天日温差大于 10℃ 以上，夜间低于 18℃ 最为适宜，大于 35℃ 的高温日数不超过 5 天为最好。另外，高温还会引起果实的日灼和果面伤害，影响果实的销售。

2. 光照 苹果是喜光性较强的树种，光照不仅影响果实的品质和风味，还与花芽分化、产量有关。选择园地时要注意光照问题。一般要求年日照时数不低于 2 000～2 500 小时，8～9 月不能少于 300 小时，树冠内自然光入射率应在 50% 以上，透光率 20% 左右。我国北方大部分地区都能满足这一条件，但是北方 7～9 月为雨季，阴雨绵绵，光照不良，影响花芽分化和品质。一般来讲，日照时数多、光照强、光质好，苹果树长势缓，易成花，坐果多，果实发育、着色好，含糖量高，风味浓，硬度大，耐贮运。光照不足，枝条生长细弱，光合作用下降，树体营养水平降低，花芽分化量少、质量差，果实品质明显下降，病虫害增多。

不同波长的光线对苹果的光合作用和生长发育具有不同的功

能，特别是对果实品质有重要的影响。通常，波长 380～710 纳米的光是太阳辐射光谱中具有生理活性的波段，称为光合有效辐射。其中远红光有利于糖类的合成、影响生长与新梢节间伸长；蓝光有助于蛋白质和有机酸形成；短波的紫外光与青光对节间伸长有抑制作用，使树体矮小、侧枝增多，且可促进花芽分化，还有助于色素的形成，使红色果实的色泽更加艳丽。因此，高海拔地区、晴天有助于改善果实品质。

3. 水分　苹果喜欢较干燥气候，年适宜降水量在 560～800 毫米，土壤水分达到田间最大持水量的 60%～80% 较为适宜。雨量过多（1 000 毫米以上），特别是高温多雨的情况下常表现为生长过旺，发生裂果，品质下降，病虫滋生；雨量过少（500 毫米以下），则必须进行灌溉，以满足树体对水分的需要。从总降水量来看，我国主要苹果产区基本可以满足苹果对水分的要求。但因降水量年中各月分布不均，特别是华北地区，降水量主要集中在 7～9 月，易出现早春干旱和秋涝现象。因此，选择园地时要考虑到降水和水利设施问题，有一定的灌溉条件，配套滴灌、微喷、小管出流和水肥一体化设施，做到涝能排，旱能灌，旱涝保收，降低成本。花前、新梢速长期、果实速长期和采收后灌水和夏季排水是丰产的关键。

4. 风　风对苹果树生长与结果的影响因风速的差异而不同。2～3 级微风，有利于果园空气流通，增强光合作用，减轻病害发生，同时也有利于有益昆虫活动，提高授粉效果。但花期遇大风、风沙天气，影响授粉、受精，有时会导致花期不一致，坐果率明显降低，畸形果比例明显升高。果实套袋后和成熟前遇大风、风沙天气，常会导致大量落果。建园时，尽量选择大风和风沙小的地块，或建设防护林带。矮化苹果树特别是自根砧苹果树，由于根系固地性较差，在地形选择时应注意不要选在风口区，以防受损。

二、园地规划

园地规划是果园建设中的一项重要内容，合理规划不仅可以提高生产效率，而且也有利于果园机械化和防灾减灾。园地规划的主要内容包括小区规划、道路系统、辅助建筑物规划等。

(一) 小区规划

1. 小区面积　小区面积因立地条件而不同。平原果园或气候、土壤条件较为一致的园地，每个小区面积可设置为 8～12 公顷，山区与丘陵地形复杂，气候、土壤差异较大，小区面积应小，可缩小到 1～2 公顷。

2. 栽植行向　苹果园适宜长方形定植，以南北行向为好，因为东西行向吸收的直射光要比南北行向少 13%，而且南北两侧受光均匀，中午强光入射角度大；东西行树冠北面自身遮阳比较严重，尤其是密植园盛果期株间遮阳更为突出。山坡地可采用等高线栽植或与地块长边平行确定行向，尽量使同一行果树定植点基本保持水平。

3. 株行距　确定株行距时主要考虑立地条件、砧穗组合、树形、机械化程度和管理水平等因素。与平地果园相比，山地果园株行距可适当小些，密度稍大；相对于乔化砧苗木，用具有矮化砧的苗木建园时株行距可小，密度加大；不同树形所适应的株行距也有差异，自由纺锤形比细长纺锤形和高纺锤形要求株行距大；机械化程度高的、管理水平高的可适当密植。推荐应用矮化品种或矮化砧木，实行宽行密植栽培，一般要求行距比株距大 2 米左右，如果考虑机械作业，行距还应再宽些。

按目前省力化栽培水平，乔砧定植株行距一般为 (3～4)米×(4～5) 米。采用矮化苗木细长纺锤形整形，株行距 (1.5～2)米×4 米，每亩定植 83～111 株。采用矮化苗木高纺锤形整形，株行距 1～1.5 米×3.5～4 米，每亩定植 111～190 株。

4. 品种选择 优良品种是生产优质苹果的基础。建园应做到良种化，应选用品质优良、抗逆性强、早果、丰产的品种，未经区域试验、生产试验的一些新品种应慎重选用。

（1）鲜食品种 目前可供选择品种较多，但主要还是富士优系、元帅优系、嘎拉优系等品种。品种选择时要充分考虑当地的气候和立地条件、面向的消费群体和饮食习惯、市场情况等，确定最优的栽培品种或品种组合。目前生产中常用的优质早、中、晚熟苹果品种主要有藤牧 1 号、美国 8 号、中秋王、红露、信浓红、嘎拉优系（如丽嘎拉、陕嘎 3 号、早红嘎拉、红盖露）、红富士优系（天红 2 号、岩富 10 号、长富 2 号、玉华早富、早熟富士王、烟富 1 号、烟富 3 号、烟富 6 号、礼泉短富、惠民短富、宫崎短富、青森短富等）、王林、斗南、新乔纳金、华冠、粉红女士等。

（2）加工品种 主要用于果汁加工，在品种选择上主要考虑高酸品种。

5. 授粉树配置 授粉树必须适应当地的气候条件，与主栽品种的结果年龄、开花期、树体寿命等方面相近，要求花粉量大、质量好，可与主栽品种相互授粉。一般授粉树按照 15%～20%的比例配置。主栽品种与授粉品种之间的距离应在 20 米以内。授粉树配置方式有以 4 种。

（1）中心式 在 1 株授粉树周围栽植 8 株主栽品种。授粉树占栽植总株数的 11.1%。

（2）少量式 授粉树沿果园小区边长方向成行栽植。每隔 3～4 行主栽品种栽 1 行授粉树。授粉树占栽植总株数的 20% 左右。

（3）对等式 2 个品种互为授粉树，相间成行栽植，各占栽植总株数的 50%。

（4）复合式 在 2 个品种不能相互授粉或花期不遇时，需栽植第三个品种进行授粉，第三个品种占全园总株数的 20％左右。如栽植乔纳金、陆奥等三倍体品种时，应选配 2 个既能给三倍体品种授粉，又能相互授粉的品种。

近年来，荷兰、美国、加拿大、日本等国家选择应用了专用授粉品种作为授粉树，我国也引进了凯尔斯海棠、火焰海棠、绚丽海棠、红丽海棠、钻石海棠等一些专用授粉品种，具有抗病、抗旱、耐瘠薄、花量大等优点。经山东省果树研究所应用研究，早熟品种珊夏、嘎拉、藤木 1 号等，可选凯尔斯海棠、火焰海棠作授粉树；中熟品种红星、乔纳金、金冠、红将军等，可选择绚丽海棠、红丽海棠、钻石海棠作授粉树；晚熟品种富士、粉红女士、澳洲青苹等，可选择雪球海棠、红绣球海棠作授粉树。专用授粉树主要提供花粉，与主栽品种可按（15～20）：1 的比例配置，不宜配置太多，否则影响总体苹果产量。专用授粉树的配置一般采用中心式，使主栽品种易于得到花粉。大型果园应当按小区的长边方向，一般 3～4 行主栽品种配置 1 行授粉品种。

（二）道路和附属建筑规划

1. 道路系统 道路的规划要适应果园机械化管理、农资和果品运输的要求，观光采摘园还要考虑观光采摘路线规划。道路系统包括主路、干路和支路。主路位置适中，要贯穿全园，宽度 4～5 米，可通过大型运输车辆，便于运输农资和果品。干路宽 2～4 米，可通过小型运输车辆、汽车和农机具，干路多设为小区的边界线。支路宽 1.5～2 米，为小区内作业道路，方便进行采收、喷药、施肥、修剪等作业。

2. 附属建筑物 果园附属建筑物包括办公室、财务室、车辆库、工具室、肥料农药库、包装场、配药场、果品贮藏库及加工厂等，应设在交通便利和有利于作业的地方。在干路旁，每两个相邻的小区建一处管理用房，兼顾农具、农资、包装场地等用途，并设配药池。

（三）排灌系统规划

果园要有良好的排灌系统，做到旱能浇、涝能排。建立灌溉系统要考虑地形因素，还要根据水源、土质、蓄水、输水等条件进行果园灌溉网的规划设计。对果园灌溉管网进行合理设计，不但可以提高灌溉效率，还能提高果园管理效率，从而实现高效管理，节水省肥，节约人力，并且达到增产增效的目的。

1. 果园蓄水及引水工程　可在果园附近有水源的地方修建小型水库、堰塘等水利设施蓄水。有河流途经的地方可考虑引水灌溉。根据地下水位确定坑井，水位高筑坑井，水位低则设置管井。

2. 果园的输水和配水　干渠和支渠是果园两大输水、配水系统。它的作用是把水从引水渠输送到灌溉渠道。干渠是灌溉系统中的主水渠，支渠是干渠下一级的、由干渠分流出去的沟渠，干渠位置一般高于支渠和灌溉渠。丘陵、山地选在分水岭地带设置干渠，支渠设置二、三级坡的水分线。根据果园划分小区的布局和方向，结合道路规划，以渠与路平行为好。输水渠道距离尽量要短，这样既能节省材料，又能减少水分的流失。输水渠道最好用混凝土或用石块砌成，在平原沙地，也可在渠道土内衬塑料薄膜，以防止渗漏。输水渠内的流速要适度，土渠内的流速不能太大，太大会引起冲刷。为保持水渠内的水流适中，一般干渠的适宜比降在 0.1％左右，支渠的比降在 0.2％左右。

3. 灌溉渠道建立　山地果园设计灌溉渠应考虑结合灌溉系统，排灌兼用。有条件的果园通常选择把灌渠设计成滴灌系统。滴灌系统的原理是在低压管道中把水送到滴头。一般把滴灌系统的干管、支管都埋在地下，滴灌器材由高压聚乙烯或聚氯乙烯制成。滴灌干管直径 8 厘米左右，埋深 60～70 厘米，支管直径一般为 4 厘米左右，埋深 50～60 厘米。滴灌管带是常用滴灌系统灌水器，由高压聚乙烯加炭黑制成，直径约 1 厘米。

4. 排水系统　排水系统包括明沟排水与暗沟排水，明沟排水是指在排水区内用明沟排除多余的地面水、地下水和土壤水。明沟排水是在地表间隔一定距离顺行挖一定深、宽的沟进行排水。由小区内行间集水沟、小区间支沟和果园干沟 3 个部分组成，比降一般为 0.1%～0.3%。在地下水位高的低洼地或盐碱地可采用深沟高畦的方法，使集水沟与灌水沟的位置、方向一致。

暗沟排水是通过地下排水管道排除多余的地面水、地下水和土壤水。具有不占用果园行间土地、不影响机械化作业等优点，但暗沟排水系统的修筑需要较多的人力、物力和财力。暗沟可以由砖、水泥等砌成，也可在果园内安设地下管道（暗管）。暗管埋设深度一般为地面下 0.8～1.5 米，间距 10～30 米，也要考虑土壤性质、降水量与排水量等因素。沙质土果园中，排水管可埋深些，间距大些；黏重土壤果园排水管道埋设浅些，间距小些。铺设的比降为 0.3%～0.6%，注意在排水干管的出口处设立保护设施，保证排水畅通。

（四）防护林规划

中、大型苹果园设置防护林是提高苹果产量和品质的一个重要措施。防护林的主要作用：①防止狂风对树体造成的机械伤和落花落果；②减少果园水分蒸发，增加湿度；③减缓果园地表径流，保持水土；④调节果园小气候，夏季可以降低气温，冬季可以减轻冻害发生；⑤有利于蜜蜂活动，提高蜜蜂授粉效果。

防护林由高大的乔木和灌木树种组成，要求生长快、寿命长、适应当地环境、根蘖少、与苹果树没有共同的病虫害、乔木树种材质好。大型果园要设主林带和副林带，主林带与当地风向垂直或成 20°～30°的偏角，采用半透风林带，栽植 4～8 行，主林带的距离 200～400 米。副林带是辅助主林带阻拦来自其他方向的风，与主林带垂直，副林带的距离 500～800 米。

三、栽植技术

（一）整地

1. 土壤改良　栽前要做好土壤改良，调整好土壤酸碱度，改善土壤理化性质。

（1）瘠薄土壤　通过秸秆粉碎还田、增施有机肥，达到疏松土壤、改善土壤理化性质、提高土壤有机质含量的目的。对坡度较大、水土流失严重、土层较薄、土壤较贫瘠的山地采用水平沟或水平阶的方法，并进行客土，土层厚度达到60厘米以上，然后再通过秸秆粉碎还田、增施有机肥，达到疏松土壤、改善土壤理化性质，提高土壤肥力。坡度小、土层厚的山地不要坡改梯，提高土壤肥力后即可栽植，可比坡改梯提高土地利用率30%。

（2）黏土、沙土　对于重黏土、重沙土和沙砾土应进行黏土掺沙，沙土、沙砾土掺塘泥、河泥或重黏土，以改良土壤结构，再通过秸秆粉碎还田、增施有机肥，达到疏松土壤、改善土壤理化性质、提高土壤肥力的目的。

（3）盐碱土　含盐量及pH较高土壤，会使苹果树发生生理性障碍，出现叶片黄化和缺素症，需加以改良。通常采用以下办法：①多施有机肥和酸性肥料（过磷酸钙、硫酸钾等），对碱性土壤进行调节；②建立排灌系统，定期引淡水灌溉，进行灌水洗盐，以降低盐碱含量；③地面铺沙、盖草或腐殖质土，以防止盐碱上升；④营造防护林，种植绿肥植物，降低风速，减少水分蒸发，防止返碱。

随着果园生产年限的增加，由于片面使用化肥等原因，可能会使土壤酸化，降低土壤微生物活性和大量土壤酶活性，导致土壤养分有效性下降，引发树体营养障碍、生长发育不良和产量降低、品质下降。施用石灰可以缓解土壤酸度危害，减轻酸化土壤对苹果树的影响。pH＜4.5时，一般每亩可施入生石灰100～150千克深翻入土。

2. 整地方式

（1）沟状整地　沟深60～80厘米，宽60厘米左右。挖沟时将地表熟土与下层的底土分开堆放。沟挖好后，回填时在沟底部填充厚20厘米左右粉碎的秸秆、稻草等有机物，增加土壤有机质，并混入少量氮肥促进秸秆腐烂。在秸秆上填压底土与有机肥的混合物。再在其上添加有机肥与表层熟土的混合物直至填平，后灌透水沉实，以备栽植。要求每亩施入4～6米³腐熟的羊粪、牛粪等有机肥。还可采用简便的定植沟整地方法，挖沟前每亩施入6～10米³腐熟的羊粪、牛粪等有机肥。将有机肥附在欲挖的定植沟上，然后用机械进行开沟，随开沟随填埋，并将有机肥与土壤混匀，整平，灌透水沉实，以备栽植。春季栽植时以上一年秋季整地为宜，秋季栽植时以雨季整地为宜。

（2）穴状整地　穴深60～80厘米，宽60厘米左右。挖穴时将地表熟土与下层的底土分开堆放。穴挖好后，回填时在穴底部填充厚20厘米左右粉碎的秸秆、稻草等有机物，增加土壤有机质，并混入少量氮肥促进秸秆腐烂。在秸秆上填压底土与有机肥的混合物。再在其上添加有机肥与表层熟土的混合物直至填平，后灌透水沉实，以备栽植。要求每亩施入4～6米³腐熟的羊粪、牛粪等有机肥。春季栽植时以上一年秋季整地为宜，秋季栽植时以雨季整地为宜。

密植园建议采用沟状整地。

（二）苗木准备

1. 苗木选择

（1）苗木类型　苹果苗木依砧木不同可分为乔化砧苗木、矮化自根砧苗木和矮化中间砧苗木。乔化砧木主要有海棠、山定子等，适于大冠稀植和立地条件差的地方应用。生产中应用的矮化砧木主要有 M26、M9T337、SH40、SH6、GM256 等。不同地区因气候条件和土壤类型的差异，可选择不同类型的矮化砧木及砧穗组合。各地在选择矮化砧木时，要结合当地气候条件、土壤类型及以往矮砧适应性表现，合理选择适宜当地条件的矮化砧木及砧穗组合。应该对砧木的耐旱性、耐寒性、易成花性等进行全面评价，冬季极端最低气温、早春风寒情况、年降水量及灌溉条件等是必须考虑的因素。砧穗组合在充分考虑适应性的基础上，树体容易成花、较早结果是重点指标。苹果产业技术体系 2014 年建议，选择 M 系砧木地区极端气温应在－25～－23℃以内；延安、太原、邢台以北地区，可以选用容易成花的 SH 系砧木；东北寒冷地区可以选用 GM256 与寒富的砧穗组合。陕西、山东、河南、甘肃、河北、山西、辽宁等省份矮砧选择区域化建议方案见附表 4-7 至表 4-13。

表 4-7　陕西省建立矮砧富士苹果园矮砧选择区域化建议方案

栽培区域	肥水条件	矮砧类型及利用方式
铜川新区以南海拔在 900 米以下地区（包括宝鸡中南部、咸阳南部、渭南南部、铜川新区、耀州区等）	有灌溉条件或肥水条件较好；年均降水量 600 毫米以上；年极端低温－22℃以上	M9 优系，如 T337、Pajam 1、Pajam 2 等的自根砧或中间砧；M26 中间砧或自根砧＋短枝富士，采用"双矮栽培"；M26 中间砧＋普通富士，中间砧露地面 5 厘米以上，每亩栽植密度比 M9 优系降低 20%～30%
铜川印台区以北洛川以南，海拔 900～1 100 米地区（包括宝鸡的千阳、陇县部分乡镇、咸阳北部、渭南北部、洛川、黄陵、宜君、印台等）	旱地建园，无灌溉条件，年均降水量 550～600 毫米；年极端低温－26℃以上	M26 作为中间砧，中间砧栽植深度采用动态管理办法；SH 系砧木（SH1、SH6、SH40）＋短枝富士

（续）

栽培区域	肥水条件	矮砧类型及利用方式
洛川以北，海拔1 100米以上地区（包括富县、宜川、宝塔区等）	旱地建园无灌溉条件；年均降水量550毫米以下；年极端低温－28℃以上	SH系砧木（SH1、SH6、SH40）＋普通富士

注：旱地建立矮砧果园应采用旱作栽培措施或灌溉设施。

表 4-8 山东建立矮砧富士苹果园矮砧选择区划建议方案

栽培区域	肥水条件	矮砧类型及利用方式
胶东半岛区包括烟台、青岛、威海三市全部，含28个市（县）	土壤肥沃，有机质含量1.0%以上；土壤 pH 6.5～7.8；灌溉条件良好	主要类型：T337、M9、M7、MM106；利用方式：自根砧
	土壤肥力中等，有机质含量0.6%～1.0%，土壤 pH 6.5～7.8；灌溉条件较好	主要类型：M26、SH 优系；利用方式：中间砧
鲁中、南山丘区包括泰安、淄博、济南、潍坊、莱芜、临沂、日照、枣庄八地（市），含72个市（县）	土壤肥沃，有机质含量1.0%以上；土壤 pH6.5～7.8；灌溉条件良好	主要类型：T337、M9、M7、MM106；利用方式：自根砧
	土壤肥力中等，有机质含量0.6%～1.0%，土壤 pH6.5～7.8；灌溉条件较好	主要类型：M26、SH 优系；利用方式：中间砧
鲁西、南平原区包括聊城全部、德州大部，以及菏泽、济宁二地（市），含41个市（县）	土层深厚，肥力较高，有机质含量1.1%以上，雨季地下水位1.2 米以下，土壤 pH 6.8～8.0；排、灌条件良好	主要类型：T337、M9、M7；利用方式：自根砧
	土层深厚，肥力中等，有机质含量0.5%～1.1%，雨季地下水位1.2 米以下，土壤 pH 6.5～8.0；排、灌条件良好	主要类型：M26、SH 优系；利用方式：中间砧（建议选用短枝型品种）

表 4-9 河南建立矮砧苹果园矮砧选择及推荐品种区域化建议方案

栽培区域	肥水条件	矮砧利用方式及推荐品种
三门峡海拔在 800 米以下地区（包括灵宝苏村、阳店、阳平、故县、尹庄、陕县大营、张湾、西张村镇南部，卢氏范里乡，湖滨区）	有灌溉条件或肥水条件较好；年均降水量 500 毫米以上；年极端低温－20℃以上	自根砧选择 M9 优系，如 T337、Pajam 1、Pajam 2 等；中间砧选择 M26、M9 等，要求栽植中间砧露地面 15 厘米以上；品种以富士系、华冠系、新红星为主
灵宝、卢氏、陕县海拔 800～1 200 米地区（包括寺河、五亩、官道口、寺古洼、西张村北部等）	旱地建园无灌溉条件；年均降水量 600 毫米以上；年极端低温－20℃以上	主要用中间砧，选择 M26、M9 等，中间砧木栽植深度采用动态管理办法；自根砧做试验；品种以富士系、华冠系、新红星为主
豫东黄河故道地区及中部地区	地下水源丰富；降水量 600 毫米以上；极端低温－20℃以上	主要用自根砧，如 T337、Pajam 1、Pajam 2 等；由于自根砧短缺，可以考虑用 M26、M9 的中间砧；品种以华硕、华美、华玉、嘎拉等早中熟品种为主

表 4-10 甘肃省建立矮砧富士苹果园矮砧选择区域化建议方案

栽培区域	海拔高度	品种	肥水条件	矮砧利用方式及推荐品种
陇东黄土高原栽培区（六盘山以东产区）	1400 米以下，年极端低温－22℃以上	短枝富士、嘎拉、秦冠	年降水量 500 毫米以上；肥水条件较好或有补灌条件；综合管理水平高	适宜发展 M26＋短枝红富士双矮砧穗组合；SH 优系＋短枝红富士双矮砧穗组合
	1 500 米以下，年极端低温－26℃以上	长富 2 号、嘎拉、秦冠	年降水量 450 毫米以上；土壤较肥沃；综合管理水平较高；无灌溉条件	适宜发展 M26＋长富 2 号砧穗组合；SH 优系＋长富 2 号、SH 优系＋宫藤富士砧穗组合

（续）

栽培区域	海拔高度	品种	肥水条件	矮砧利用方式及推荐品种
陇东南沟壑山地栽培区（六盘山以西产区）	1 450 米以下，年极端低温－22℃以上	短枝富士、嘎拉、秦冠	年降水量 500 毫米以上；肥水条件较好或有补灌条件；综合管理水平高	适宜发展 M26＋短枝红富士双矮砧穗组合；SH 优系＋短枝红富士双矮砧穗组合
	1 600 米以下，年极端低温－26℃以上	长富 2 号、嘎拉、秦冠	年降水量 450 毫米以上；土壤较肥沃；综合管理水平较高；无灌溉条件	适宜发展 M26＋长富 2 号砧穗组合；SH 优系＋长富 2 号、SH 优系＋宫藤富士砧穗组合

表 4-11　河北省建立矮砧苹果园矮砧选择及推荐品种区域化建议方案

栽培区域	气候特征	矮砧利用方式
大苹果非适宜区（河北省最北部蔚县、张北、围场、沽源等县）	山区小气候，冬季绝对低温频现低于－26℃	山定子为基砧，GM256 为中间砧；金红等小苹果品种
北部寒冷地区（涞源、涿鹿、滦平及平泉和承德北部）	浅山丘陵区为主，冬季绝对低温－26～－23℃	GM256 或 SH 优系作为中间砧木，山定子为基砧；适宜寒富、国光、乔纳金、富士等
中部大部分地区（秦皇岛大部分地区、廊坊、保定、沧州、衡水、石家庄和邢台中北部等）	燕山和太行山浅山丘陵区、环渤海湾区、滨海盐碱区及平原地区，冬季最低气温－23～－16℃	基砧八棱海棠或山定子，SH 优系中间砧；品种可以依据市场配置，建议谨慎选择未经区试的优种
南部地区（邢台南部和邯郸大部）	太行山南端山前平原及平原沙地，冬季最低气温－16℃以上	基砧为八棱海棠，中间砧 M9 优系和 SH 优系中矮化作用较强的类型；中早熟品种、短枝型品种

表4-12　山西省苹果（富士）矮砧选择区域化建议方案

栽培区域	肥水条件	矮砧利用方式
运城市，海拔550米以下〔盐湖区、芮城县、临猗县、万荣县、平陆县等13县（市）〕	有灌溉条件或肥水条件较好；年均降水量500毫米以上；年均温11.5～13.5℃，年极端低温－21℃以上	自根砧选择M9优系T337；中间砧选择M9、M26、SH优系等
除运城市外，适合苹果生长的地区	有灌溉条件或旱地；年均降水量400毫米以上；年均温8℃以上，年极端低温－26℃以上	中间砧选择SH优系

表4-13　辽宁建立矮砧苹果园矮砧选择区域化建议方案

栽培区域	肥水条件	矮砧利用方式
大连瓦房店南部乡镇以及金州、甘井子、旅顺区	年均降水量700毫米以上；有灌溉条件或肥水条件较好；年极端低温在－20℃以上	自根砧选用M9、T337、MM106，株行距（1.0～2.0）米×（3.5～4.0）米，品种为富士系、嘎啦、乔纳金等
辽阳、沈阳、抚顺、阜新、本溪、铁岭	降水量500～700毫米；多数果园有灌溉条件；年极端低温在－30℃以上	中间砧选用GM256，株行距2.0米×（3.5～4.0）米，品种为寒富、岳阳红、龙丰等
营口、锦州、朝阳、丹东、鞍山南部、大连东北部、葫芦岛等	降水量400～800毫米；旱地建园有灌溉条件；年极端低温－25℃以上	中间砧选用GM256、77-34、辽砧2号，株行距2.0米×（3.5～4.0）米，品种为寒富、金冠、岳华、华红等

（2）苗木分级　在品种纯正、生长健壮、根系完整、无病

毒、无病虫危害的基础上，按苗木品种、粗度、高度进行分级。栽时要按苗木的大小按行或小区定植，以提高果园整齐度，便于生产管理。苗木分级标准参照表3-3。

除此之外，还可选择带分枝大苗建园。苗木质量要求是：中心干直立，基部干径在1.2厘米上，苗高1.5米以上；分枝多、角度开张、健壮，分枝高度平均在70厘米以上，在合适的分枝部位有6～10个40～50厘米长的分枝；根系健壮、完整，侧根多，大多数长度超过20厘米，毛细根密集。大苗建园可实现当年栽树翌年结果、成活率高、抗逆性强、园相整齐，比传统建园提早结果1～2年，为苹果早果丰产高标准建园打好基础。

2. 苗木处理

（1）苗木假植　苗木购回后，首先应进行假植，防止苗木风干。具体假植方法详见第三章苗木出圃部分。

（2）清水浸泡　栽植前苗木用清水浸泡不少于24小时，使苗木吸足水分，以提高栽植成活率。

（3）根系处理　将苗木骨干根剪留20～25厘米，疏除伤残根，伤口剪到健康部位。栽植前用生根粉蘸根，及时栽植，减少根系暴露时间。

（4）嫁接口处理　剪除嫁接口处的干桩，并用杀菌药剂及时涂抹处理；若嫁接时的绑缚材料未去除的此时应去除。

（5）分枝处理　剪除劈伤枝。

（三）栽植时期

1. 春季栽植　春季栽植在3月中旬至4月中旬土壤解冻后到萌芽前（清明前后）进行。栽植时间不宜过早，以当地苹果芽萌动前最为适宜。与秋栽苗相比，春栽苗缓苗期长，发芽迟，生长慢。但冬季寒冷易抽条地区采用春栽，省工省时，成活率也高。

2. 秋季栽植　秋季利用本地苗木，趁雨抢墒带叶栽植，栽时应注意使根系尽量多带土。注意冬季对苗木保护，特别要防止冻害、抽干以及牲畜侵入等。

（1）早秋带叶栽植一般在9月上旬至10月上旬进行。自育苗木或苗圃地距离很近或果园缺株补植，可采用此方式。注意挖苗时少伤根、多带土，随挖随栽。选阴雨天或雨前定植为好，否则会影响成活率。

（2）落叶后到土壤冻结前栽植。这时由于土壤温度较高，墒情较好，栽后根系伤口容易愈合，有利于根系恢复和发生新根。一般栽植成活率高，缓苗期短，萌芽早，生长快。冬季寒冷地区，采用秋栽方法，栽后要埋土防寒，否则易发生抽条，降低成活率。

（四）定植技术

1. 挖定植穴　按照规划的株行距挖好定植穴，做到横平竖直，栽树不必挖大坑。

（1）栽植乔砧和矮化自根砧苗木　果园定植穴深度20厘米左右。

（2）栽植矮化中间砧苗木　不起垄栽培的果园定植穴深度40厘米左右，起垄栽培的果园定植穴深度20厘米左右。

2. 栽植　先拉好定植线，确定定植点。将苗放入定植穴内，舒展根系，扶正苗干，使其纵横成行，边填土、边提苗，并用脚踏实，使根系与土壤密切接触。

（1）栽植乔砧苗木　对于普通乔砧苗木，栽植深度可与苗圃的深度一致。

（2）栽植矮化自根砧苗木　对于矮化自根砧苗木，以在地面上保留5～10厘米矮化砧为宜。

（3）栽植矮化中间砧苗木　不起垄栽培的果园定植深度，苗木第二嫁接口低于地表10厘米左右，栽植深度埋到中间砧1/2～2/3处，在地上保留5～10厘米中间砧。起垄栽培的果园定植深度，苗木第二嫁接口与地表相平，以后起垄埋到中间砧 1/2～2/3处。

矮化苗木品种段不能埋入地下，否则品种段生根，矮化变成乔化，失去矮化砧的意义。矮化砧木地上留得过高，不利于果树前期生长，树冠成形慢，果园产量上升慢，抗性减弱；地上留得过低，矮化作用小，果树营养生长旺盛，推迟挂果，后期树冠控制较难。

（五）栽后管理

1. 苗木保护 秋栽苗木要防冬季冻害、抽干，常用方法有两种。

（1）埋土防寒 即在土壤封冻前，在苗木品种嫁接口的反方向培小土堆，将苗木顺势缓缓（苗木粗壮时慢慢折弯）压在土堆上，其上培土 30～40 厘米，翌春芽子萌动前刨去覆土，踩实土壤，扶正苗木。

（2）套塑料管套 苗木定植后，定干，再套上塑料管套，以保持苗木湿度，同时管套内的温度也较高，有利于成活。

2. 定干 定干高度以苗木质量和所采用树形而定，一般在100～120 厘米饱满芽处定干，若苗木质量高，定干高度可以提高到150～180 厘米。同一块果园尽量定干高度一致，以增加果园整齐度。对高度不足或者是整形带内没有饱满芽的苗木，在饱满芽处短截，等长到目标高度时，于翌年春季萌芽前二次定干。

3. 地膜覆盖 栽植后纵横斜成行，并立即灌水，待水渗后用少量土盖住苗基部缝隙。新栽幼树树盘覆膜，经济实惠、效果好，覆膜可提高树盘表层土壤温度 2～4℃，提高土壤水分 5%左右。

4. 刻芽 定植后至萌芽前，在剪口第五个芽以下、地面 60厘米以上进行刻芽，每株刻芽 6～10 个。有条件的可用抽枝宝点芽。

5. 套塑料管 用塑料管将苗木整株套严，塑料管外中部和基部缚2条细绳或胶带，防苗木失水和病虫危害。根据发芽情况，新梢长3～5厘米时，将塑料管顶部撕开放风2～3天后，将塑料管去除。

6. 抹芽 萌芽后及时抹除距地面60厘米以内萌发的芽。去除中心干延长枝下的两个竞争枝。

7. 立支架 利用矮化砧苗木建立的果园，树体易出现偏斜和吹劈现象，须进行立架栽培。一般10～15米间距设立一个镀锌钢管（直径6～8厘米）或水泥桩（10厘米×12厘米），地下埋70厘米，架高3.5～4.0米，均匀设4～5道直径2.2毫米钢丝，最低一道丝距地面0.8米。每行架端部安装地锚固定和拉直钢丝（向外斜15°左右）。

选用高度在4.0米、直径1.0厘米左右的竹竿作为支柱（太粗会影响侧芽萌发），埋入地下50厘米，每株立1个竹竿，定植苗绑缚在竹竿上。中心干随生长随绑缚，保持中心干通直强壮。

8. 追肥与灌水 及时充足的水分对果树苗木成活、生长发育至关重要，栽后必须及时浇水。在5月中旬，以氮肥为主进行追肥，每亩施尿素5千克，施肥后浇水。6月中旬，每亩施尿素10千克，施肥后浇水。10月中旬，每亩施磷酸二铵30千克，施肥后浇水。11月下旬，浇封冻水。在防治病虫害的同时进行叶面喷肥，前期以氮肥为主，后期以磷、钾肥为主。

9. 病虫害防治 以防治蚜虫、卷叶蛾、红蜘蛛、潜叶蛾等害虫和苹果早期落叶病等为主，喷施吡虫啉、阿维螺螨酯、代森锰锌等药剂，确保不发生病虫危害。

10. 拉枝 定植当年，新梢长到20～30厘米时，用牙签、开角器或铁丝钩拉枝开角。矮砧密植园枝条角度保持在90°～120°，乔砧密植园枝条角度保持在100°～120°。

11. 行间生草 果园建立后，行间间作农作物将对树体造成不利影响，建议采用生草制。当杂草高度达到40厘米左右时进行刈割。一年刈割 4～5 次。浇冻水前，行间用旋耕机中耕，避免冬季火灾的发生。

12. 起垄与平沟 起垄可以改善土壤物理性状，干旱时减少果园水分蒸发，降雨时有利于排水，减少内涝危害。起垄栽培的果园定植时苗木第二嫁接口与地表相平，秋季需要起垄，将苗木矮化中间砧埋入地下 10～15 厘米。起垄是沿苹果树行向，以树干为中心，中间高，两边低，呈梯形或弧形，起垄宽度 100～150 厘米，高度 15～20 厘米。不起垄栽培的果园定植时苗木第二嫁接口低于地表 10 厘米左右，秋季需要将沟填平，正好将苗木矮化中间砧埋入地下 10～15 厘米。

13. 树干涂白 越接近地面温度变化幅度越大，易出现冻害或日烧，而造成树干损伤。树干涂（喷）白，能保护树体安全越冬。建议晚秋、早春用防冻液或自制涂白剂分两次喷白、涂白。配方：生石灰：石硫合剂：食盐：油脂：水＝6：1：1：少许：20。

第五章
土肥水管理技术

土肥水管理是实现苹果优质高效生产的关键技术之一。随着苹果栽培技术研究的不断深入，我国在苹果园土壤管理和肥水管理技术方面有了较大的革新和进步，如果园生草制度、果园覆盖制度的推广、果园水肥一体化的应用等，均大大提升了我国苹果生产的整体水平。本章吸纳了苹果土肥水管理方面的最新研究进展，结合我国苹果生产实践，从土壤管理、施肥技术及水分管理三个方面进行主要管理技术介绍。

一、土壤管理

土壤是果树根系生长的场所，也是果树吸收、利用矿质营养和水分的主要来源。良好的土壤管理，可使苹果园土壤质地疏松，通气良好，土壤中微生物活跃，保证苹果树的根系在适宜的环境中生长发育，而生长良好的根系又是苹果树吸收水、肥的基础。因此，在苹果栽培中必须重视土壤管理，才能达到苹果优质高效生产的目的。

（一）土壤改良

苹果栽培适宜的土质为沙壤土或轻壤土，活土层厚度应达到60厘米以上，地下水位深度不小于1米，土壤 pH 以中性或微酸性为宜，有机质含量至少要达到1%以上。然而，我国苹果建园多选择在山坡或丘陵地带，条件较差，如栽植土层浅、土质沙性或黏性、土壤有机质含量低等，因此，要想实现苹果优质丰产，必须做好土壤管理与改良工作。

1. 深翻熟化　苹果园合理深翻，结合有机肥施入，可以增加活土层深度，改善土壤理化性质，促进养分转化，增强微生物活动，提高土壤肥力，加速土壤熟化过程，消除土壤中的不利因素。同时深翻能够提高土壤的孔隙度，增强土壤保水、保肥能力及通气透水性。再者深翻有利于根系的垂直生长和水平延伸，增加根系数量，扩大根系吸收面积。

（1）时期

①春季深翻。春季深翻应在土壤解冻后及时进行，此时地上部由于气温较低尚处于休眠状态，而根系刚开始活动，深翻后伤口易愈合且易发新根。我国北方春季多干旱，深翻后需及时浇水；早春多风地区，蒸发量大，深翻过程中应及时覆土，保护根系。而对于风大、干旱缺水、寒冷的地区，不宜春季深翻。

②夏季深翻。夏季深翻最好在根系生长高峰之后，雨季来临之前进行。此期深翻再结合后期的降雨可使土壤颗粒与根系充分接触，不致发生吊根或失水现象。夏季土壤深翻后伤根易愈合，但如果伤根过多，容易引起落果，所以结果期大树不宜在夏季深翻。

③秋季深翻。秋季是苹果园深翻最好的时期，一般在果实采收前后结合秋施基肥进行。此时树体地上部生长缓慢或基本停止生长，养分开始回流和积累，且此时正值苹果根系发生高峰期，深翻造成的根系伤口容易愈合，易发新根。深翻还有利于土壤风化和土壤保墒。需要注意的是在干旱无水浇条件的地区，土壤深翻容易使根系遭受干旱、冻害等，此种情况不宜进行土壤深翻。

（2）深度　土壤深翻深度应考虑立地条件、树龄等因素。土壤质地好，根系发达，生长较深，翻得也应深；反之，则宜浅。

黏重土壤宜深，沙质土宜浅；地下水位低宜深，地下水位高者宜浅。幼龄树宜浅，盛果期树宜深。一般耕翻深度以 40～60 厘米为宜。

（3）方式

①全园深翻。将树盘周围的土壤进行全园深翻，此法用工量大，伤根多，多用于幼龄园。

②深翻扩穴。在苹果树冠外围垂直投影处逐年向外深翻扩大栽植穴，这种方式深翻范围小，用工量小，但需每年进行，一般用于山地、丘陵果园。

③隔行深翻。隔 1 行深翻 1 行，翌年轮换进行。对果树根系生长影响小，便于机械化作业。

（4）深翻注意事项

①深翻与施肥、灌水相结合。果园单纯深翻效果较差，必须和有机肥施用结合起来，以增加土壤有机质含量，促进土壤团粒结构形成。在墒情不好的干旱地区，一定要和灌水结合进行，防止干旱、冻害的发生。

②深翻时表土与底土分别堆放，回填时表土应填在根系集中分布层。

③深翻尽量少伤根、断根，特别是 1 厘米以上较粗的大根；也不可断根过多，如伤根，应剪平断口，有利于伤口愈合。

2. 土质改良

（1）客土改良　利用其他的土壤或有机物料与栽植园的黏重或沙性土壤进行混合，改善栽植园土壤质地的方法。

①黏性土壤。果园黏性土壤的物理性状差，土壤中氧气含量少。土壤改良可施用纤维成分含量高的小麦秸、玉米秸等作物秸秆以及稻壳等有机物料，也可培土掺沙，以改良土壤的通透性能。

②沙性土壤。果园沙性土壤的保水保肥性能差，土壤有机质含量低，表层土壤的温度和湿度变化剧烈。沙性土壤的改良重点

是增加土壤有机质含量和改善土壤的保水保肥能力，生产中常采用"填淤"结合增施有机肥的方法。

（2）增施有机肥 增加土壤有机质含量，可以使沙性土壤中土粒黏结性增强，改变其原来松散的不良状况；而对于黏性土壤，则可以大土块黏结性大大降低，由原来的大土块变为大小适中的土团。因此，通过土壤增施有机肥，可以大大改善不良土壤结构和质地，同时还可增加土壤肥力。

（二）土壤管理

对于苹果园行间和行内的土壤采取某种农艺措施进行管理，并作为一种特定的方式固定下来，就形成了果园的土壤管理制度。目前，我国苹果栽培中果园土壤管理主要应用的方式有清耕、间作、果园生草和果园覆盖 4 种管理方式。

1. 清耕 指在果园树冠下及行间不种植其他作物，通过生长季定期、适时中耕，保持土壤表面无杂草、洁净的一种土壤管理方式，这是我国传统的果园土壤管理制度。该方式对控制苹果园病虫害的发生及蔓延具有一定的积极作用，但该种方式费工、费时，对土壤肥力增加无效且操作不当会破坏土壤结构。从未来发展看，该种土壤管理方式在我国苹果栽培中将逐步被其他先进管理方式所取代。

2. 间作 果园间作是我国苹果栽培中一种传统的土壤管理方式，尤其是对幼龄果园，为了充分利用土地和光照资源，提高土地利用效率，增加果园前期经营收入，果农多在苹果栽植行间间作套种矮型作物。果园间作其他作物具有防风保土、改善生态环境的作用，而且能够抑制恶性杂草生长，增加有益生物的多样性。但实际生产中需注意以下几点：

（1）果园间作应以不影响果树生长发育为前提。间作物要在果园行间或缺株的空隙地进行种植，要与果树主干保持 0.8～1 米的距离。

（2）间作物生长周期要短，对土壤养分和水分的吸收要少，间作物大量需肥、需水的时期最好与果树错开；植株矮小或匍匐生长，不影响树冠下部的光照条件；能提高土壤的肥力，病虫害较少。

（3）果园中常用的间作作物有甘薯类、豆科作物和蔬菜类。适宜于间作的豆科作物有大豆、小豆、花生、绿豆和红豆等。该类作物植株矮小，根系有固氮作用，可以提高果园土壤肥力，且与果树争肥争水的矛盾较小。尤其是花生，植株矮小，需肥水较少，是沙壤地果园的优良间作作物。甘薯、马铃薯前期需肥水较少，对果树影响相对较小，但后期需肥水较多，且后期生长繁茂，对树冠下光照有影响。蔬菜类作物植株矮小，需要精耕细作及肥水充足，对果树前期生长较为有利，但间作晚秋蔬菜，由于后期浇水量过大，易使苹果后期徒长，在我国北方寒冷地区不利于苹果安全越冬。

3. 果园生草　指在果树行间或全园种植多年生草本植物、或利用自然生长的禾本科和豆科杂草，当草生长到一定高度时适时刈割，用割下的鲜草覆盖树盘，并让其自然腐烂分解的栽培方式。经国内外多年实践研究表明，果园生草可以增加土壤有机质含量，提高土壤缓冲性能，改善土壤结构，增加水稳性团粒数量，防止水土流失，提高土壤养分的生物有效性，保持土壤温度稳定；果园生草有利于根系生长和吸收，增加土壤微生物数量，增加果园有益昆虫数量，以及节省除草用工。

（1）生草种类　苹果园生草主要包括自然生草和人工生草。自然生草可选用当地的乡土草种，选择乡土草种应具有矮秆、根系浅，与果树无共同病虫害且有利于果树害虫天敌及微生物活动等特点，如马唐、稗类等单子叶草种易建立稳定草被。人工生草草种适应性要强，植株要矮小，生长速度要快，鲜草量要大，覆盖期要长，容易繁殖管理，再生能力强，且能有效地抑制杂草发生。我国地域辽阔，气候、土壤条件差异很大，不同苹果种植区域应针对本区域的具体情况选择适宜的草种。从多年的果园生草实践来看，京津冀地区冬季寒冷、空气干燥、雨雪量少、土壤有不同程度盐碱化等，应选择耐寒、耐旱、耐盐碱的草种，如苜蓿、草木犀、结缕草等；西北黄土高原半湿润区干旱区应选择抗旱力较强的草种类型，如百脉根、毛苕子和黑麦草等；渤海湾地区夏季雨水集中，应选择白三叶、燕麦、紫花苜蓿、早熟禾、黑麦草等。另外，生草栽培时草种的选择，尤其对成龄果园还要注意草种的耐阴性等。现将适宜苹果园人工生草的主要草种介绍如下：

①白三叶。又名白车轴草，属豆科多年生草本植物，为匍匐生长型的多年生牧草。白三叶草有小叶、中叶和大叶3种类型。白三叶喜阴凉、湿润的气候，适宜的生长温度为16～25℃。利用年限为8年左右。该草种喜光性较强，茎叶含氮量高，适合幼年果园种植。对土壤要求不高，耐贫瘠，适排水良好、富含钙质及腐殖质的黏性土壤，不耐旱，抗寒性差；对土壤pH的适应范围为4.5～8.5。

该草种植株低矮，高仅30厘米，根系主要分布在15厘米内的浅土层；草层致密，覆盖度高，抑制杂草作用明显，踩踏后草层经1～2天即可恢复原状，不影响果园管理；种一次可利用5～8年，是果园生草的首选品种。

②紫花苜蓿。属豆科多年生草本植物。一般寿命5～7年，长者可达25年；生长第二年最旺盛，第五年以后产量逐年下降。我国从国外引进约10多个品种以上，主要有巨人201、金皇后、维多利亚、苜蓿王、皇后2000、牧孜401、皇冠等。

紫花苜蓿根系发达，直根系、主根粗长，侧根着生很多根瘤；茎直立，高约1米左右，茎上分枝一般有25～40个。喜温暖半干燥气候，抗寒、抗旱性强，喜中性或微碱性土壤，以pH 6～8的土壤种植为宜。

③百脉根。属豆科多年生草本植物。百脉根生物固氮能力较

强，种一次可利用 5～10 年，适应性较为广泛；植株较矮，草高约 50 厘米，基本不影响果树生长和果园管理；一年能刈割 2～3 次；耐热性强，在夏季 7～8 月高温期，其他豆科植物生长不良的情况下，百脉根依然生长良好。多匍匐生长，覆盖保墒效果好，对杂草有较强的抑制作用，在土壤中易腐烂。

④毛叶苕子。别名冬苕子、毛野豌豆，属越年生草本植物。全株被长茸毛。主根长 1 米多，侧根很多，根上着生褐色根瘤。茎匍匐，蔓生，细长柔软，一般 1.5～2 米，最长 3～4 米，草层高 50 厘米左右。一年能割 3 次，割后将草覆盖在原地或覆盖在树盘下，让其自行腐烂，肥地保墒。根系主要集中在 30 厘米土层中，耐旱性较强。

⑤黑麦草。属禾本科多年生草本植物，原产于亚洲和北非的温带地区。黑麦草具有抗寒、耐践踏、再生能力强等特点，适应性广；种一次可利用 4～6 年；草高 40～50 厘米，播种当年即可分蘖成株。根系主要集中在 0～30 厘米土层，与果树争水争肥力较弱。在 6 月底至 7 月初刈割，每公顷产青草 5 000～7 500 千克。

⑥鸭茅。属多年生草本植物，原产欧洲、北非和亚洲，现在全世界很多地区种植。该草种须根系入土深度 10 厘米左右，秆直立，丛生，株高 50～110 厘米；草质柔嫩，品质优良，植株再生速度快，抗寒、抗病性强，土壤适应范围广。

⑦羊茅草。属多年生禾本科丛生型草，别名酥油草。分布在我国西北、华北等地。羊茅草须根发达、强健；植株生长高度 15 厘米以下，叶色常绿，生长速度快，覆盖率高；耐旱、耐瘠薄、耐践踏。

⑧百喜草。百喜草为禾本科雀稗属多年生草本植物。百喜草草层自然高 30～40 厘米，匍匐茎粗壮、木质、多节，呈"辫子状"，密扎缠结于地面，向四周蔓长，长度为 20～35 厘米，每株形成圆盘状丛株；每株 10～38 条根，大部分根系集中在近地表

30~40厘米表土层中。百喜草生长迅速、再生力强，繁殖速度快，容易栽培管理。百喜草性喜温暖湿润的气候，对土壤的适应性广，在干旱贫瘠的土壤上都能生长良好；耐水淹、抗旱。

⑨鼠茅草。鼠茅草为禾本科鼠茅属植物。鼠茅草的根系较发达，一般深30厘米，最深达60厘米。由于土壤中根生密集，在生长期及根系枯死腐烂后，既保持土壤渗透性，防止地面积水；也保持了通气性，增强果树的抗涝能力。鼠茅草地上部呈丛生的线状针叶生长，自然倒伏匍匐生长，针叶长达60~70厘米。在生长旺季，匍匐生长的针叶类似马鬃马尾，在地面编织成20~30厘米厚，波浪式的葱绿色"云海"，长期覆盖地面，既防止土壤水分蒸发，又避免地面太阳曝晒，增强果树的抗旱能力。

鼠茅草是一种耐严寒而不耐高温的草本植物。6、7月播种因高温而不萌发。8月播种能够发芽出土，但因高温而死亡。国庆节前后播种比较适宜。幼苗像麦苗一样，越过寒冬，翌年3~5月为旺长期，6月中下旬（小麦成熟期）连同根系一并枯死（散落的种子秋后萌芽出土），枯草厚度达7厘米左右，此后即进入雨季，经雨水的侵蚀和人们的踩踏，厚度逐渐分解变薄，地面形成如同针叶编织的草毯，不易点燃。秋施基肥或配合果园深翻翻入土中，可增加土壤有机质，提高微生物活性。果园种植鼠茅草，能够抑制各种杂草的生长，并保持土壤通气性良好，一年内可减少5~6次除草、松土等用工费用。

（2）生草技术

①整地施肥。生草草种播种前，应对行间生草土地结合施肥进行旋耕、耙平。一般每亩果园施入7.5千克尿素和50千克磷肥（普过磷酸钙），将肥撒在果树行间；然后，对土壤进行耕翻或旋耕，耕翻深度以20厘米左右为宜，耕翻后平整地面。

②播种时间与方法。播种时间以3~4月地温稳定在15℃以上或秋季9月播种为宜；3~4月播种时，直播前2周要灌1次水，诱发杂草种子萌发出土，及时清除杂草，然后播种草籽；否

则，生草出苗后，杂草掺和在内，很难清除。果园生草播种的最佳时间为秋季（8～9月），该时期气温相对较低，又有一定的降水，非常适合草种的苗期生长；同时，可避开果园杂草生长的影响。

播种方法主要有撒播、条播等方法。撒播时，易出现播种不均匀、出苗不整齐、苗期清除杂草困难、管理难度大、缺苗断垄严重等现象。条播行距为15～20厘米；土质好、肥沃、有水浇条件的果园，行距可适当放宽；土壤瘠薄、肥水条件差的果园，行距要适当缩小。播后可适当覆草保墒，促进种子萌芽和幼苗生长。对大部分果园而言，播种量以每亩果园计，白三叶0.25千克，百脉根0.5千克，黑麦草1.5千克。

自然生草则可以让果园乡土草种在生长季自由萌发生长，适时拔除豚草、苋菜、藜、苍耳等高大恶性杂草。

③播种后管理。生草初期应注意加强水肥管理。根据苗的生长情况，酌情增施氮肥，每亩施尿素8～10千克，促使苗早期生长。苗期需及时清除野生杂草，土壤干旱时应及时浇水。果园生草成密闭的草被后，不需要施用氮肥。

④刈割时期和方法。刈割的时间依草的生长状况和高度而定。一般情况下，果园生草几个月后、植株生长到40厘米高度左右时，用割草机刈割；刈割要留茬，生草留茬高度应根据草的更新能力和草的种类确定，一般豆科草要留3～4个分枝，禾本科草要留有心叶，生产中一般留茬10～20厘米高度进行刈割；留茬高度太低，容易导致生草再生能力降低。播种当年，一般割刈2～4次；第二年后，可割刈4～5次；生长量大的草，刈割次数多。刈割下来的草，常常铺盖于树盘上；对全园生草的果园，刈割下来的草就地撒开，也可开沟深埋，与土混合沤肥。

4. 果园覆盖　指在树盘范围内覆盖一定厚度的有机物料或园艺地布等的方法；果园覆盖的目的是进一步改善树盘内土壤的通气、水分和温度条件，创造良好的根系生长环境和营养利用空间，同时可以大大减少除草用工。

（1）覆盖种类　现代苹果生产中的覆盖材料主要有两种，一是有机物料。覆盖有机物料材料主要包括杂草、小麦秸秆、玉米秸秆、枝条粉碎物及锯末之类。二是园艺地布。在农业企业、家庭农场等经营面积较大的果园推荐应用无纺布或 PE 材料制作的园艺地布进行覆盖，每亩地布成本 550～600 元，一次覆盖可以持续应用 5～6 年。

（2）覆盖技术

①有机物覆盖。有机物覆盖在雨季来临之前覆盖较好，既可以防止发生果园火灾，又有利于有机物腐烂并防控杂草。如果覆盖的麦秆、玉米秸秆、杂草等较长，需要切割后（一般切成15～20 厘米小段）再用于覆盖。如用枝条粉碎物或锯屑作为覆盖材料，则需要充分发酵后再进行覆盖。

果园有机物覆盖为病原、害虫提供了栖息场所，可能会增加病虫的发生，因此，覆盖前及覆盖期间应做好预防和防治工作。覆盖前，可用杀虫剂、杀菌剂喷洒地面和覆盖材料，以减少病虫害的发生。

②园艺地布覆盖。覆盖地布，应结合起垄进行。覆地布前，应先把树冠下树叶、杂草、砖块瓦片等清理干净，土块耙细耙碎，做成平整的里低外高垄面，以利于集接雨水和浇水。可选用1～1.2 米宽度地布，从树干两侧铺设，使地布完全覆盖树盘，紧贴地面，然后四周用土压实，中间用地钉锚定地布交接部位，以确保覆盖质量和效果。

二、施肥管理

果园施肥的目的是补充苹果树体在各个生长发育期营养元素的消耗和出现的营养供应不足，调节各种营养元素间的平衡，保障树体健康生长。在整个周年生长过程中，苹果树体对需要补充的矿质营养元素因吸收利用的量而有所不同，因此施肥要依据苹果树体生长发育特性及需肥特性，抓住关键时期科学施用。科学施肥是保证苹果树高产、稳产、优质的关键措施之一。

（一）肥料种类

1. 有机肥料　有机肥主要包括人粪尿、家禽（畜）粪便、饼肥、绿肥等。有机肥营养全面，肥效持久，是土壤微生物繁殖活动获取能量和养分的主要来源。同时有机肥在矿质化过程中产生腐殖质，可有效改善土壤营养状况并提高土壤肥力；有机肥在分解过程中还能产生有机酸，使土壤中难溶养分转化为可溶性养分，提高养分的利用率。

2. 化学肥料　化学肥料是以矿物、空气、水为原料经过化学反应及机械加工制成的肥料。其特点是养分含量高、肥效快、施用和贮存方便。化学肥料按营养元素类别主要分为氮肥、磷肥、钾肥、钙肥、复合肥以及微量元素肥料（微肥）。

（1）氮肥　包括铵态氮肥（碳酸氢铵、硫酸铵）、硝态氮肥（硝酸钙、硝酸铵）和酰胺态氮肥（尿素）3类。氮是果树体内许多生命类物质的重要组成成分，如核酸、蛋白质、氨基酸、叶绿素、酶、维生素和生物碱等，都与氮的参与密切相关。在实际生产中，苹果树体因缺氮将导致光合作用、根系生长及繁殖器官形成受阻，其产量和品质均显著下降。

（2）磷肥　包括水溶性磷肥（过磷酸钙、重过磷酸钙）、弱酸溶性磷肥（钙镁磷肥）和难溶性磷肥（磷矿粉）。磷是细胞核的主要成分，在碳水化合物的代谢中起重要作用。磷酸直接参与呼吸作用，与光合作用的能力转化直接相关。增施磷肥能促进苹果花芽形成、提高坐果率、改善果实品质。

（3）钾肥　主要包括氯化钾、硫酸钾、草木灰、磷酸二氢钾等。钾肥大都能溶于水，肥效较快，并能被土壤吸收，不易流失。钾同果树体内的许多代谢过程密切相关，可以促进叶片的光合作用及光合产物的运输，促进蛋白质的合成，能增强果树的抗病、抗旱、抗寒以及抗盐碱能力，尤其是在苹果上施用钾肥可以促进果实着色，提高果实糖含量等内在品质。

（4）钙肥　具有钙（Ca）标明量的肥料。钙肥的主要品种是石灰，包括生石灰、熟石灰和石灰石粉，以及石膏和大多数磷肥，如钙镁磷肥、过磷酸钙等，还包括部分氮肥如硝酸钙。此外，苹果生产中主要应用的还有氨基酸钙。钙对苹果生长发育具有重要作用。缺钙导致新生枝上幼叶出现褪色或坏死斑，叶尖及叶缘向下卷曲；较老叶片可能出现部分枯死。果实常出现苦痘病，果实表面出现下陷斑点，果肉组织变软，有苦味。苹果水心病也是由缺钙引起，果肉呈半透明水渍状，由中心向外呈放射状扩展，最终果肉细胞间隙充满汁液而致内部腐烂。

（5）复合肥　指含有 2 种或 2 种以上营养元素的化肥。复合肥具有养分含量高、副成分少且物理性状好等优点；复合肥对于果园平衡施肥、提高肥料利用率、促进果树的高产稳产有着十分重要的作用。

（6）微量元素肥料　又称微肥，是提供植物微量元素的肥料，像铜肥、硼肥、钼肥、锰肥、铁肥和锌肥等都称为微肥。微量元素是多种酶的成分或活化剂，参与碳素同化、碳水化合物转运、氮素代谢和氧化还原过程等；能促进果树生长和繁殖器官形成、发育，增强树体抗性。一般根据土壤肥料缺乏程度和果树需求，在施用氮、磷、钾肥的基础上，适时适量增施微肥是获得优质高产的有效措施。

3. 有机-无机复混肥　有机-无机复混肥是一种既含有有机质又含适量化肥的复混肥。它是通过微生物发酵对粪便、秸秆、草炭等有机物料进行无害化处理，并添加适量化肥、腐殖酸、氨基酸及有益微生物菌，经过造粒或直接混掺而制成的肥料。该种肥料在苹果生产中一般作为基肥施用，其养分全面，利用率高，有利于提高果树产量及品质。

4. 微生物肥料 又称生物菌肥，是以微生物生命活动导致作物得到特定肥料效应的一种肥料制品，是目前果树生产中经常使用的一种肥料。根据目前生物肥料的功能可以将微生物肥料分为两类：第一类微生物菌肥是通过肥料中所含微生物的生命活动，增加植物营养元素的供应，从而改善植物营养状况而使产量或品质提升。其代表品种为各种根瘤菌肥料，主要应用于豆科植物。第二类微生物菌肥也是通过其中所含的微生物活动使作物增产或品质改善，但关键作用不仅限于提高植物营养元素的供应水平，还包括他们本身产生的各类植物生长调节物质对植物生长的刺激作用，拮抗某些病原微生物而产生的抑制病害作用，以及活化被土壤固定的磷、钾等矿物营养，使之能被植物吸收利用，帮助植物根系吸收水分及多种微量元素从而起到增产作用，以及加速作物秸秆腐熟及促进有机废物发酵等作用。目前果树生产中应用较多的为此类微生物肥料。

微生物肥料是活体肥料，它的作用主要靠其含有的大量有益微生物的生命活动代谢来完成。只有当这些有益微生物处于旺盛的繁殖和新陈代谢的状态下，物质转化和有益代谢产物才能不断形成。因此，微生物肥料中有益微生物的种类、生命活动是否旺盛是其有效性的基础，而不像化学肥料是以氮、磷、钾等主要元素的形式和多少为基础。正因为微生物肥料是活制剂，所以其肥效与活菌数量、强度及周围环境条件密切相关，包括温度、水分、酸碱度、营养条件等，甚至原生活在土壤中的微生物对其的排斥作用都有一定影响，因此在应用时要加以注意。

①开袋后要尽快使用。开袋后会有其他的细菌等侵入，造成微生物菌群发生改变，影响使用效果，因此微生物肥料在开袋后要尽快使用，避免开袋后长期不用的情况发生。

②避免高温干旱的气候下使用。高温干旱的天气，影响微生物的繁殖和生存，不能发挥其积极作用，施肥效果也会大打折扣。

③避免与未腐熟的农家肥混合使用。未充分腐熟的有机肥堆沤的过程中，会产生大量的热量，微生物会被高温杀死，影响微生物肥料的肥力。同时，还要注意避免与过于酸碱的肥料混合使用。

④避免与农药同时使用。两者若同时使用，化肥农药的药性，会抑制微生物的生长繁殖，严重的还会杀死微生物。

（二）施肥技术

1. 施肥时期 苹果树施肥一般分作基肥和追肥两种。无论基肥还是追肥，具体施肥的时间，要依据苹果树体的生长势、需肥规律、土壤中的营养供应状况以及肥料的特性进行适期施肥。

（1）基肥 基肥是以有机肥为主，在较长时期内供给果树多种养分的基础肥料。实践研究表明，秋季施用基肥最为适宜。主要原因：第一，秋季，苹果主要根系分布层的土壤温度比较适宜，根系生长量大，吸收机能也比较活跃，施肥后有利于根系吸收。研究证明，9月下旬至10月上旬施氮后，至次年开花前测定，氮出现在花蕾、花序叶片和萌发的叶芽中；说明秋施的氮肥被根系吸收后，成为树体的贮藏营养和次年开花、展叶的营养来源。第二，秋季昼夜温差大，太阳辐射中散射光的比例增加，施肥后有利于提高叶片的光合效率，增加碳水化合物的积累。第三，秋季施用有机肥，有较充分的时间供根系吸收、运转，并在树体内贮藏起来。长期的施肥试验证明，秋季施肥（特别是氮肥），至次年春季芽萌动前，苹果新梢内的淀粉含量、氮素含量以及嫩芽内的过氧化氢酶活性均有显著提高；干周增长量大，花芽质量好，生殖器官发育完善，坐果增多，果实产量和品质都有显著提高。因此，秋季施用基肥，是苹果园施肥制度中的重要环节，也是全年施肥的基础。苹果秋施基肥的时间，以中熟品种采收后、晚熟品种采收前为最佳。

（2）追肥 指根据树体的需要，在生长季追加补充的速效性肥料。追肥应根据树势、土壤营养状况灵活安排。一般采用速效肥料，每年追施2~4次。

①花前追肥。苹果早春萌芽开花主要是消耗树体内的贮藏养分。如树体自身贮藏营养水平低，矿质营养供应不足，会导致大量落花落果。此期对氮肥、硼肥等亏缺敏感，应及时追施速效氮肥和喷施硼肥，以提高坐果率。

②花后追肥。该期幼果膨大和新梢生长同期进行，营养竞争激烈，果树需肥较多，追肥可促进新梢生长，扩大叶面积，减少生理落果。此期以速效氮肥为主。

③果实膨大和花芽分化期追肥。此期果实迅速膨大，部分新梢停长，花芽开始分化，追肥可提高光合效能，促进养分积累，有利于果实膨大和花芽分化。追肥应注意氮、磷、钾配合施用。

④果实发育后期追肥。这次追肥主要补充果树大量结果和花芽分化消耗的养分。尤其是晚熟品种后期追肥更为重要，此期追肥不但可以提高果实品质，同时也有利于花芽的形成。追肥以控制氮肥用量，适当增加磷、钾肥为主。

2. 施肥量

（1）有机肥　幼龄树有机肥施用应结合果园深翻扩穴进行，每亩施用充分腐熟的有机肥2米^{3}左右。成龄结果园可以采用条状沟施肥法或放射状沟施肥方法，以生产1千克果施1~2千克有机肥的比例施用。

（2）化学肥料　化学肥料施用量的判断依据主要有两种，一种是根据产量。Levin（1980）建议，苹果的最佳施肥量是果实带走量的2倍。相关研究表明，苹果盛果期每生产100千克苹果，需要补充纯氮（N）0.5~0.7千克、纯磷（P_2O_5）0.2~0.3千克、纯钾（K_2O）0.5~0.7千克。例如，产量为3 000千克的果园需要补充尿素37.5~52.5千克、过磷酸钙50~75千克和硫酸钾30~42千克。因此，确定苹果施肥量简单可行的办法是，以结果量为基础，根据品种特性、树势强弱、树龄、立地条件以及诊断的结果等加以调整。在对某具体果园确定施肥量时，还要依据叶分析结果及土壤中养分含量状况进行判断；土壤中养分含量多的，取施肥范围内的下限量，反之，则取上限量。第二种方法是根据树龄判断。日本长野县在生产实践中得出，对红富士苹果施肥时，一年生幼树每株年施纯氮 60 克、磷（P_2O_5）24克、钾（K_2O）48 克，五年生初果期树每株年施纯氮 300 克、磷（P_2O_5）120 克、钾（K_2O）240 克，10～20 年生树每株年施纯氮 600～1 200 克、磷（P_2O_5）240～480 克、钾（K_2O）480～960 克。

钙在苹果生长发育中有重要作用。苹果缺钙主要表现在套袋果实和酸化严重的果园，其主要的症状如苦痘病、水心病、虎皮病等，都是由于缺钙引起的生理失调所致。苹果施钙主要有土壤施钙和叶面喷钙两种方式。土壤施用含钙肥料时，可每隔 1～2年使用钙镁磷肥做基肥或基施生石灰，一般每亩施用 25～50 千克为宜。追施硝酸钙时，可在萌芽前结合施氮肥，每亩追施15～20 千克硝酸钙即可。叶面喷钙是增加苹果果实钙含量的主要方式。叶面喷肥提倡以幼果期补钙为主，配合全程补钙。即花后两周开始至套袋前间隔 7～10 天喷 2～4 次钙肥，采收前 40～50 天再喷 1 次，可减少贮藏期间苦痘病的发生。生产中一般可在谢花后 7～10 天至苹果套袋前喷 2～3 次硝酸钙、氨基酸钙等水溶性钙肥，Ca（NO_3）$_2$ 的浓度为 0.4%～0.5%，$CaCl_2$ 的浓度为0.3%～0.5%，8～9 月可再喷 1～2 次。叶面喷钙的同时结合喷低浓度（一般不超过 100 毫克/升）的生长调节剂（如 IAA、6-BA、NAA 等），可促进钙向果实的运输，施钙效果更佳。

合理施用硼、锌等微量元素肥料有利于果树的开花坐果和生长发育。对于潜在缺硼和轻度缺硼的苹果树可于盛花期喷施一次浓度为 0.3%～0.4%的硼砂水溶液。严重缺硼的土壤可于萌动前每株果树土施 50～100 克硼砂，再于盛花期喷施一次浓度为0.3%～0.4%的硼砂水溶液。施用锌肥对矫治苹果树的小叶病效果较为显著，较为有效的喷施方法是在春季苹果树发芽前，芽膨大期用 3‰～5‰硫酸锌水溶液配合 1%～2%尿素水溶液喷施，该法能起到预防苹果小叶病的作用。

3. 施肥方法

（1）撒施　将肥料均匀撒布全园，再翻入土中。该法适于根系已布满全园的大树或密植园。

（2）穴施　即在树冠外围挖若干个深 30～60 厘米的土穴，把肥料施入穴内。该方法适宜在山地果园或干旱地果园进行。

（3）沟施

①环状沟施肥法。在树冠外缘挖一条深 40～60 厘米、宽 40～50 厘米的环状沟，然后将肥料施入，与回填土混匀后用土覆盖。这种方法适宜于各级树龄的果园。

②放射状沟施肥法。以树干为中心，在距树干 50 厘米位置处，向树冠外放射状均匀地挖 4～6 条浅沟，内浅外深，至树冠于地面投影处深 40～60 厘米，随即施入肥料并覆土。这种方法适宜成龄果园追肥。

③行沟施肥法。在果园内顺着种植行的行向，每行开 1 条宽 50 厘米、深 40 厘米左右的长沟，把肥料施入沟内。这种方法适宜规模化果园选用，可采取机械化作业。

（4）叶面喷肥　指在果树萌芽前或生长发育期间，将低浓度的肥料溶液喷施于枝条、叶面等地上部分的一种施肥方法。该种方法用肥量少，果树吸收快，对于水溶性磷酸盐和某些微量元素还可避免被土壤固定。在干旱少雨又无水浇条件时，土壤施肥难于溶解、吸收，此时叶面喷肥效果更佳。叶面喷肥还可与喷施农药相结合，节省劳动力。但需要注意的是，叶面喷肥仅是短时期内对果树营养供应不足的补充，其不能替代土层根际施肥。如叶面喷施氮肥，仅对叶片氮含量增加有效，对其他器官贡献率很小，因此叶面喷肥的作用有一定局限性。适宜叶面喷肥的肥料主要有尿素（浓度为 0.3%～0.4%）、硫酸钾（浓度为 0.2%～

0.3%）、磷酸二氢钾（浓度为 0.3%）、硫酸锌（浓度为 2%～3%）、硼砂（浓度为 0.1%～0.3%）、硫酸亚铁（浓度为 0.3%～0.5%）等。生长期可根据需要适时喷施。

（5）水肥一体化　水肥一体化技术是将灌溉与施肥融为一体的农业新技术，借助低压灌溉系统（或地形自然落差）将可溶性肥料与灌溉水一起，通过管道设施形成滴灌、渗灌等形式，均匀、定时、定量地输送到果树根系生长区域，使根系土壤始终保持充足的养分及适宜的含水量。该种方法需结合苹果树体在年生长周期内的需水、需肥规律进行。水肥一体化技术具有以下优点：①精准灌溉施肥，减少水用量。②提高土壤透气性，促进根系生长。③节省肥料，提高肥料利用率。④减少病虫害的发生。⑤增加地温。⑥改善果实品质。⑦节省劳动力。⑧减少环境污染。

在正常年份，苹果全生育期滴灌 5～8 次，总灌水量 110～150 米^3/亩。果树萌芽前，土施三元复合肥 50～60 千克/亩，花后滴施水溶性配方肥 10～15 千克/亩，$N : P_2O_5 : K_2O$ 比例 20：10：10 为宜。果实膨大期结合滴灌施肥 1～2 次，每次滴施水溶性配方肥 10～15 千克/亩，$N : P_2O_5 : K_2O$ 比例 20：8：20 为宜。果实采收前控制氮肥及水分的供应。果实采收后按 2：1：2 的比例滴施水溶性配方肥 20～35 千克/亩。

（6）穴贮肥水　穴贮肥水是一种简单的节肥节水方法，适合于缺少水源、土层瘠薄的山区果园。其技术要点如下：

①贮肥穴的位置和数量。贮肥穴挖在根系集中分布区，一般在树冠投影边缘向内移 50～60 厘米处。冠径 3.5～4 米的树挖 4 个穴；冠径 6 米以上的树挖 6～8 个穴。

②肥穴设置。穴的直径一般 20～30 厘米，深度 40～50 厘米；用玉米秸、谷草、麦秸等捆成直径 15～20 厘米的草把，长度比穴深短 3～5 厘米。用绳将草把上下两道扎紧后放水中浸泡，待浸透水后竖直放进穴的中央，用表土埋住草把。埋草把的土可

混加 5 千克土杂肥、150 克过磷酸钙和 100 克尿素。填好后踩实，每穴浇水 4～5 千克，然后用 1.5～2 米² 黑地膜覆盖。边缘用土压严，中央正对草把的部位穿 1 个小洞，用石块或土堵住，以便将来浇水。

③肥穴的管理。生长期间可通过肥穴给果树施肥浇水。一般在花后、新梢停长期、采果后 3 个时期追肥。每次每穴追 50～100 克复合肥或尿素，把肥放在草把顶端小洞处，然后立即浇水 4 千克。

萌芽期至新梢旺长期每 10 天浇 1 次水，每穴每次 3.5～4 千克。5 月下旬至雨季来临前可每 7 天浇 1 次水，雨季中不过分干旱可不浇水。

肥穴上的地膜破后应及时更换，以便保持较好的保墒效果。

三、水分管理

果园土壤的水分状况与苹果树的生长发育、开花结果以及树体寿命的长短均有着密切关系。保持果园适宜土壤水分含量，适时进行果园排水与灌水是实现苹果优质丰产的必要条件。

（一）灌水

1. 灌水时期　在苹果年生长周期内，水分管理应遵循"前促后控"的原则进行。即在生长前期，要注意适期、适量灌溉和土壤保墒，以促进树体正常生长和果实发育；在生长后期，尤其是我国苹果主产区，此期恰逢雨季，降雨频繁且雨量大，此时可适当控水或排水，以保持树体生长中庸而不旺。按照苹果树体的需水规律，一般有以下几个关键需水时期：

（1）萌芽前　春季苹果树萌芽抽梢，孕育花蕾，需水较多。此期土壤水分充足有利于萌芽、展叶和新梢生长，增强光合作用，有利于开花坐果。但在我国苹果主产区此期常伴有春旱发生，及时灌溉，可促进春梢生长，增大叶片，提高坐果率，还能不同程度地延迟物候期，减轻倒春寒和晚霜的危害。灌溉时期一般在3月中上旬为宜。

（2）幼果期和新梢旺长期　一般在苹果花后3周左右，该期是苹果的水分临界期。此时正值苹果春梢开始迅速生长期、花芽开始生理分化期、幼果细胞迅速分裂期，需水量大，同时该时段温度不断上升、土壤蒸发量大，生产中务必保持水分供应充足。若此期供水不足，春梢生长会明显变缓，严重影响果实膨大并导致生理落果和减产。若供水过多，又易造成新梢旺长，影响花芽分化。此期保持土壤相对含水量在65％左右为宜。

（3）果实膨大期　果实迅速膨大期是果树需水关键期，此期气温高、叶幕厚，果实体积迅速膨大，水分需求量大，水分盈亏与果实膨大关系密切。在我国苹果多数产区，该时段进入雨季，一般不用灌水，且需要注意排水防涝。

（4）果实膨大后期至采收前　果实膨大后期至采收前的土壤水分状况对苹果果实品质的形成有着重要的影响。该期一般不宜过多灌水，灌水量过大或降雨过多，会造成果实着色差、果实裂果或果面锈斑。但水分不足或过于干旱，又容易造成果实果个小、着色差或采前落果，因此生产中如遇到特殊干旱年份仍需及时灌溉补充水分。总之，该期水分管理的核心是保持水分的稳定供应。

（5）封冻水　应在秋季封冻以前浇水，浇水量要大。在树体地上部分休眠以前，根系还有一段时间生长期。该时段浇足水会促进根系生长，增加根系吸收量，使树体贮存养分增多，不仅能满足较长时间的休眠期果树对水分的需要，还能防止枝条越冬抽条和树体冻害。

2. 灌水量

（1）计算依据　一般认为苹果根系发生和生长的适宜土壤含水量是田间最大持水量的60％～80％，当土壤相对含水量在50％～60％定为轻度干旱，40％～50％定为中度干旱，小于

40%定为严重干旱，可以根据这个标准判断是否需要灌水。当土壤含水量低于田间最大持水量的60%时就需要考虑灌水了。如果仅参考叶片萎蔫等外观表现，来确定需要灌水的话，已经迟了，其根系已经受到损害。

①经验法。壤土或沙壤土，用手紧握能成团，再挤压时，土团不易碎裂，一般不必进行灌水；若手指松开后不能形成土团，则证明土壤湿度太低，需要进行灌水；土壤为黏壤土，捏时能成团，但轻轻挤压容易发生裂缝，则证明水分含量少，要进行灌水。

②仪器测定。用张力计、蒸发计或蒸发皿等方法测量土壤含水量，并对测定结果进行判断。如分别在苹果树下施肥坑（沟）的内缘20厘米和50厘米土层内安装土壤张力计，当20厘米处张力计土壤水势达到−80千帕时准备灌水，当50厘米处土壤水势达到−45千帕时，及时灌溉。

（2）计算方法　灌水量一般以达到土壤田间最大持水量的60%～80%为宜，其计算公式如下：

灌水量（t）＝灌水面积（米^2）×树冠覆盖率（%）×灌水深度（米）×土壤容重×［适宜土壤含水量（%）−实际土壤含水量（%）］

灌水深度：未结果幼树为0.3米，结果初期树为0.5米，盛果期树为0.7米。

土壤容重：细沙土为1.45克/厘米^3，沙壤土为1.36克/厘米^3，轻壤土或中壤土为1.40克/厘米^3，重壤土为1.38克/厘米^3，黏土为1.30克/厘米^3。

以十年生优质高效的矮砧密植苹果园为例，其树冠覆盖率为75%左右，土壤容重为1.4克/厘米^3，当土壤含水量为50%时，每亩地的适宜灌水量＝667×0.75×0.7×1.4×（0.7−0.5）＝98米^3。

3. 灌水方法

（1）沟灌　在果园行向上、树冠外围开沟灌水。一般沟深

20～25厘米，沟宽40～50厘米。此法主要是借助土壤毛细管作用浸润土壤，不破坏土壤结构，用水较经济，便于机械化作业。

（2）根系分区交替灌溉 根系分区交替灌水技术是近几年发展的一种新型的节水灌溉技术；该方法是每次仅部分根系灌溉，其余部分根系处于干旱状态，下次灌水时交换灌水位置，使根系始终处于干湿交替状态。其原理是，当植株根系半干半湿时，湿区根系吸水供植株进行各项正常生理活动；干区根系感知土壤由湿变干的变化，产生以 ABA 为主的信号物质随木质部汁液运送至叶片，导致叶片气孔导度变小，蒸腾总量降低，植株由奢侈用水变为节约用水。交替灌溉结合地面覆盖时，还可以减少土壤水分蒸发，提高水分利用效率。其具体应用方法：在果园行向上，以苹果主干为分界线起垄，将树盘分为两个区域，每次灌水只浇灌其中一个区，2个区域交替进行灌溉，灌溉量为常规漫灌用水量的50%。实践证明，与常规漫灌相比，该种灌溉方式对苹果的产量和果实品质无影响，但水分利用率较常规漫灌提高了30.1%～70.7%。

（3）滴灌 利用管道将加压的水通过滴头，以水滴或细小水流的方式，缓慢滴入果树根际附近土壤，使果树主要根系分布的土壤经常保持在适宜果树生长的最优含水量状态。滴灌可节约用水，适应于多种复杂地形的果园；不破坏土壤结构，管理省工，效率高。但滴灌需要较高的成本投入，对水质要求也严格，否则水中杂质太多，容易堵塞滴头，生产中应根据实际情况选择。

（4）喷灌 利用机械和动力设备，将具有一定压力的水，通过管道输送到果园，再由喷头将水均匀喷洒到果园土壤表面。此法灌水均匀，不受果园地形影响，在沙性土壤中应用效果更好。节约水源，不破坏土壤结构，可调节果园内小气候，减轻或避免高温、低温危害，用工少、效率高。但一次性投资成本高，对水质要求严格。

（二）排水

当进入雨季时，果园排水是保证苹果优质丰产的重要农艺措施。排水不良的果园，长时间的水涝使果树根系的呼吸作用受到抑制，因为根系吸收养分和水分的动力都是依靠呼吸作用提供的。当土壤中水分过多就会造成氧气缺乏，则迫使根系进行无氧呼吸，积累乙醇造成蛋白质凝固，引起根系生长衰弱以至死亡。土壤通气不良，还会妨碍微生物，特别是好气性细菌的活动，从而降低土壤肥力。因此，当果园土壤含水量达到田间最大持水量时，就应开始排水。果园排水的方法主要有以下 2 种：

1. 明沟排水　明沟排水是在地表间隔一定距离顺行挖一定深、宽的沟进行排水。由小区内行间集水沟、小区间支沟和果园干沟 3 个部分组成，比降一般为 0.1%～0.3%。在地下水位高的低洼地或盐碱地可采用深沟高畦的方法，使集水沟与灌水沟的位置、方向一致。明沟排水广泛地应用于地面和地下排水。地面浅排水沟通常用来排除地面的灌溉贮水和雨水。这种排水沟排地下水的作用很小，多单纯作为退水沟或排雨水的沟，深层地下排水沟多用于排地下水并当作地面和地下排水系统的集水沟。

2. 暗管排水　暗管排水多用于汇集和排出地下水。在特殊情况下，也可用暗管排泄雨水或过多的地面灌溉贮水。暗管排水是在果园内安设地下管道，一般由干管、支管和排水管组成。暗管埋设深度与间距，根据土壤性质、降水量与排水量而定，一般深度为地面下 0.8～1.5 米，间距 10～30 米。在透水性强的沙质土果园中，排水管可埋深些，间距大些；黏重土壤透水性较差，为了缩短地下水的渗透途径，可把排水管道埋设浅些，间距小些。铺设的比降为 0.3%～0.6%，注意在排水干管的出口处设立保护设施，保证排水畅通。当需要汇集地下水以外的外来水时，必须采用直径较大的管子，以便增加排泄的流量并防止泥沙造成堵塞。当汇集地表水时，管子应按半管流量进行设计。采用地下管道排水的方法，不占用土地，也不影响机械耕作，但地下管道容易堵塞，成本也较高。

　　果园生产中一般多采用明沟除涝，暗管排除土壤过多水分、调节区域地下水位，二者有机结合成为功能齐全的果园灌溉系统。

第六章
整形修剪技术

整形修剪是苹果生产管理中重要的技术环节。整形和修剪密不可分又各有侧重，整形注重整体骨架的建造，而修剪则侧重于枝组的培养与调整。随着苹果栽培技术的发展，苹果的整形修剪技术也处于不断变革中，苹果树体结构由复杂趋于简单，操作由烦琐变容易，由注重冬季修剪变为四季修剪。本章主要介绍苹果常用树形及其修剪方法。

一、常用树形及整形过程

(一) 小冠疏层形

1. 树形结构 小冠疏层形（图 6-1）干高 60 厘米左右，树高 3.5 米左右，有 2～3 层主枝，主枝数 5～6 个，第一层 3 个主枝，主枝上有侧枝；第二层 2 个主枝；第三层 1 个主枝或无第三层。第二层、第三层主枝上不留侧枝，直接着生结果枝组。第一层 3 个主枝临近或临接分布，方位角为 120°左右，均匀分布，水平角度 70°～80°。1、2 层间距 70～100 厘米，2、3 层间距60～80 厘米。第一层的层内间距 15～20 厘米，第一层主枝上有 1～2个小侧枝。第二层以上各主枝上不留侧枝，只保留较大的枝组。没有第三层时，可适当加大层内和层间距。

上层主枝的枝展不大于下层主枝枝展的 1/2，以利改善树冠内膛的光照。因此，上层主枝形成后，中心干延长枝落头开心，并对上层主枝处理，控制其大小。

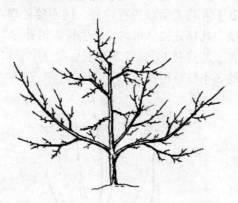

图 6-1　小冠疏层形

（引自马宝焜等，《苹果整形修剪图解》）

2. 树形评价　小冠疏层形属小冠树形，适宜的株行距为（3～4）米×（4～5）米，每亩栽植 33～55 株，适用于短枝型、半矮化砧或生长量较小地区的中等密度苹果园栽培。

该树形树冠紧凑，结构合理，骨架牢固，树冠内部光照条件好，生长结果均匀，高产优质，适合短枝型品种、半矮化砧和生长势容易控制的地区，在烟台、威海地区的许多果园表现良好。但是在生长比较旺的地区，树冠很难有效地控制，树冠过大，容易形成全园郁闭，结果部位外移，产量和质量下降。

3. 整形技术

（1）第一年　成品苗栽后春季萌芽前定干，定干高度 60～80 厘米，剪口下要有 8 个左右充实饱满的芽（图 6-2a）。为了能在第一年抽出的枝条中选出第一层主枝（图 6-2b），对萌芽发枝力低的品种，可从剪口下第四芽开始，每隔 2～3 芽刻 1 芽，即用小钢锯在芽的上方 0.5 厘米处横锯一道，深达木质部，宽度为枝条周长的 1/3 左右，以促发壮枝。萌芽后，对靠近地面 60 厘米以下的萌芽随时抹除，集中养分供给新梢生长。夏季新梢长至 40～50 厘米时，从抽生的新梢中，选择上部旺枝作中央领导干延长头，将其下方的竞争枝进行拉枝、摘心等处理，控制生长，在余下的新梢中选择方位分布均匀、生长势相近的 3 个新梢做主枝，其余新梢全部拉枝 90°，控制生长。8 月中下旬至 9 月中下旬，将培养的 3 主枝新梢拉枝 70°～80°。

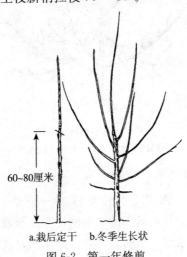

60~80厘米

a.栽后定干　　b.冬季生长状

图 6-2　第一年修剪

（引自马宝焜等，《苹果整形修剪图解》）

冬季修剪时，中心干延长头剪留 80～90 厘米，选出大小相近、生长势一致的 3 个枝作主枝，留 50～60 厘米短截，剪口留外芽。疏除竞争性枝条，其他枝暂留作辅养枝，缓放不剪，待以后再定去留（图 6-3）。1 年选定 3 个主枝最好，也可以选定 2 个，下年再选定 1 个；如果只能选定 1 个，就将侧生枝全部疏除，重新定干，下一年再选留主枝。

（2）第二年

①夏季修剪。4～5 月，对上年选定的主枝，采用拉、撑、

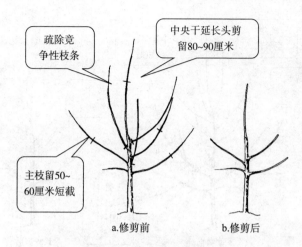

图 6-3　第一年冬季修剪

(引自马宝焜等,《苹果整形修剪图解》)

坠、压等措施,使主枝基角保持 70°左右,辅养枝拉成 90°。对主枝上新萌发的辅养枝,可以采取扭梢、摘心等方法,以缓和枝势,增加中、短枝数量。

②冬季修剪。疏除竞争枝、角度小的旺枝、过密枝(图 6-4a①)。中干延长枝留 60～80 厘米左右短截(图 6-4a②)。各主枝延长枝留 50 厘米左右短截(图 6-4a③),主枝下面留一侧枝,短截留长比主枝延长枝稍短(图 6-4a⑤)。中心干延长枝下面选取 2～3 个大而插空生长的枝留 50 厘米左右短截(图 6-4a④),作为第一层过渡层,以后采取缓放、环割等促花措施,培养成大型结果枝组。上年留下的辅养枝,疏除上面的强枝,并采取缓放、环割等促花措施,修剪后如图 6-4b。

(3)第三年

①夏季修剪。5～6 月对背上直立枝进行扭梢,辅养枝拉平、软化,较大的辅养枝在 5 月底进行基部环剥,促进成花。

②冬季修剪。疏除竞争枝、角度小的旺枝、过密枝(图 6-5a

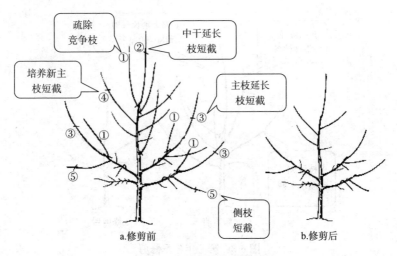

图 6-4　第二年冬季修剪
(引自马宝焜等，《苹果整形修剪图解》)

①)。中心干延长枝留 50 厘米左右短截（图 6-5a②）。疏除各主枝上的壮枝、过密枝（图 6-5a③），主枝延长枝留 40 厘米左右短截。侧枝不再留大的分枝，进行单轴延伸，延长枝短截，留长比主枝短。中心干延长枝下面预选 2 个二层主枝，留 40 厘米左右短截（图 6-5a④）。上年留下的辅养枝，疏除上面的壮枝（图 6-5a⑤），并采取缓放、环割等促花措施。疏除过密的辅养枝（图 6-5a⑥），冬季修剪后形状见图 6-5b。

　　（4）栽后第四、第五年　四年生时（图 6-6），若树冠仍不够大，株间尚未交接，中央领导干延长枝还可继续短截，剪留 50～60 厘米，主枝延长枝剪留 40～50 厘米，侧枝延长枝剪留 40 厘米，扩大树冠。一般 4～5 年生，树冠可达到预期大小，高度达 4 米左右，各级延长枝长放不剪，缓势促花。这时 1、2 层主侧枝均已选够，可根据需要选第三层主枝。树冠够高度时，也可不选留第三层主枝。中央领导干和主枝上的辅养枝长放不剪，坚持冬、夏修剪相结合，培养结果枝组，为向初果期过渡做好准

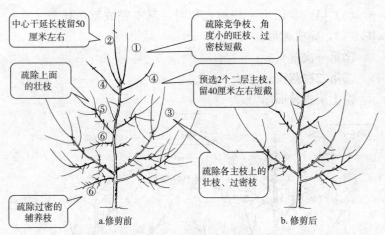

中心干延长枝留50厘米左右

疏除竞争枝、角度小的旺枝、过密枝短截

疏除上面的壮枝

预选2个二层主枝，留40厘米左右短截

疏除各主枝上的壮枝、过密枝

疏除过密的辅养枝

a.修剪前

b.修剪后

图 6-5　第三年冬季修剪

（引自马宝焜等，《苹果整形修剪图解》）

备。同时，为保持中央领导干和各层主枝的生长优势和适当的方位角，冬夏修剪时要随时注意调整。原延长枝过弱时，要用竞争枝换头；原延长枝生长正常时，则要控制或疏除竞争枝。

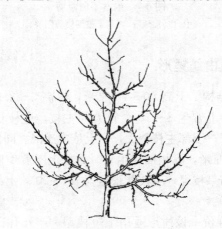

图 6-6　四年生树生长状

（引自马宝焜等，《苹果整形修剪图解》）

（5）第六年以后　到第六年时，基本完成整形任务。落头（图 6-7），完成树形。

①第一次落头。

②第二次落头。

③上层主枝回缩。

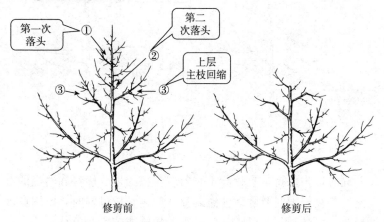

图 6-7　第六年树修剪

（引自马宝焜等，《苹果整形修剪图解》）

（二）自由纺锤形

1. 树形结构　干高 60～70 厘米，树高 3～3.5 米，中心干直立。中心干上着生 8～10 个较大的主枝，主枝长 1.5～2 米，分层或不分层，下部主枝稍大，向上依次递减。同侧主枝上下间距不小于 60 厘米，互相插空生长。主枝上不着生侧枝，直接着生结果枝或结果枝组。主枝开张角度 70°～90°，上部主枝角度可稍小（图 6-8）。

2. 树形评价　该树形适用于短枝型和半矮化砧苹果树。适宜株行距为（2～3）米×（4～5）米，每亩栽植 44～84 株。

中心主干强健，着生多个小型主枝，开张角度大，不分层，

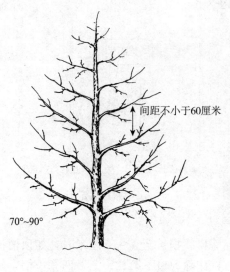

间距不小于60厘米

70°~90°

图 6-8　自由纺锤形
（引自马宝焜等，《苹果整形修剪图解》）

主枝上不留侧枝，单轴延伸，树冠狭长，上小下大，外形呈纺锤状。自由纺锤形整形容易、树体结构简化，骨干枝级次少，修剪量轻，留枝早，枝量增加快，结果早，早期产量高。对于乔化砧富士苹果，因其树体生长势强，树冠不易控制在有效营养面积内，盛果期以后，易出现树冠交接，造成果园郁闭，此时需要及时进行树形改造。

3. 整形技术

（1）第一年　选强壮、根系发达的成品苗栽植。萌芽前定干，定干高度为80~120厘米，剪口留饱满芽。生产中定干高度依据苗木长势而定，弱苗低定干（图6-9a），壮苗高定干（图6-9b）。

①定干后壮苗刻芽。为促进多发枝，对定干较高的壮苗，自苗木距地面60厘米向上刻芽，每隔2~3芽刻1芽，刻到距苗木顶端20厘米处。

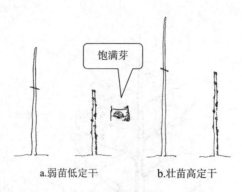

图 6-9　栽植后定干
（引自马宝焜等,《苹果整形修剪图解》）

②抹芽。剪口新梢长至 5～10 厘米时,如顶梢壮,用顶梢做中心干延长枝,抹除剪口下第二、三、四竞争梢;如顶梢弱,竞争梢壮时,剪除顶梢,用竞争梢作中心干延长枝,再抹除剪口下第二、三、四竞争梢。

③牙签开角。当新梢长至 20 厘米左右时,用牙签将新梢开角 90°。

④拉枝开角。8 月中旬至 9 月中旬,将中心干上的侧生新梢拉枝开角至 90°。

（2）第二年

①2～3 月份修剪（图 6-10a）。疏除主干距地面 60 厘米以下的过低枝（图 6-10a①）,疏除中干上的过密枝,疏除枝干比大于 1∶2 的过粗枝（图 6-10b②）,其他枝长放不剪作主枝。中干延长枝留 60～80 厘米在饱满芽处短截（图 6-10b③）,修剪后见图 6-10c。

②萌芽前对中干延长枝刻芽促发枝。中干延长枝上新梢的管理同第一年定干后管理。

③5 月上旬至 6 月上旬。中干上当年生新梢长 20 厘米左右时,及时拿枝软化,牙签开角（图 6-11①）;主枝、辅养枝背上

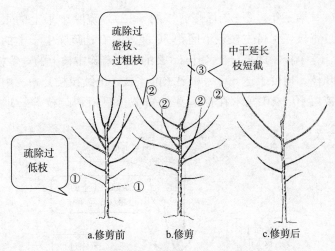

图 6-10　第二年 2～3 月修剪

（引自马宝焜等，《苹果整形修剪图解》）

直立新梢应及时扭梢控长（图 6-11②），生长期及时疏除主枝背上过密的旺梢（图 6-11③）。

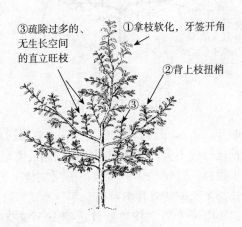

图 6-11　夏季修剪

（引自马宝焜等，《苹果整形修剪图解》）

（3）第三年　2～3 月修剪（图 6-12），疏除中干上的重叠枝、过密枝，保持主枝上下间距 50 厘米左右；疏除中干上的过粗枝、竞争枝，即枝干比大于 1∶2 的枝；疏除主枝上的竞争枝、直立旺枝。角度未达 80°～90°要求的主枝，继续拉枝开角。中干延长枝留 60～80 厘米在饱满芽处短截。扭梢和疏枝等管理同上年。

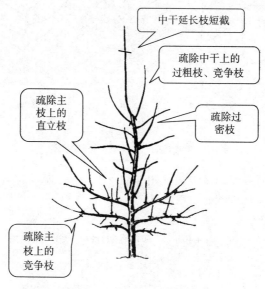

图 6-12　第三年 2～3 月修剪
（引自马宝焜等，《苹果整形修剪图解》）

（4）第四年　2～3 月修剪（图 6-13），树高达到预定高度的，中干延长枝长放不剪，未达到预定树高的继续短截。继续疏除中干上的重叠枝、过密枝、过粗枝，疏除主枝上的直立旺枝、过密的侧生枝。生长季的管理参照前几年。

一般第四年中干上的主枝数量可达到 20 个左右，树高 3.5 米左右，整形任务基本完成（图 6-14）。以后，随着树体生长，主枝增粗，主枝上侧生枝组增多，主枝体积增大，根据光照和空

疏除主枝上的竞
争枝、直立旺枝、
过密枝

疏除中干上的
重叠枝、过密
枝、过粗枝

图 6-13　第四年树春季修剪

（引自马宝焜等，《苹果整形修剪图解》）

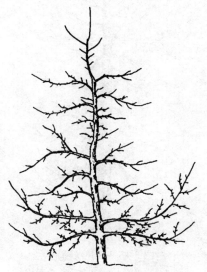

图 6-14　4 年后树体生长状

（引自马宝焜等，《苹果整形修剪图解》）

间的需要，逐年疏除过粗过密的主枝，减少主枝数量，将中干上的主枝数量稳定在 15 个左右。根据行距的大小，树高控制在行距的 90% 左右。

（三）细长纺锤形

1. 树形结构 干高 60～70 厘米，树高 3.5～4 米。中心干直立健壮，干上着生 25 个左右主枝，主枝在中心干上均匀分部，不分层。主枝的长度等于或略大于株距的 1/2。枝干比小于 1：3。主枝短小，角度开张，同侧枝上下间距 40 厘米左右。主枝角度为 90°～110°。主枝不留侧枝，直接着生结果枝组，单轴延伸。全树细长，树冠下大上小，呈细长纺锤形。

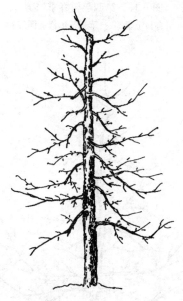

图 6-15　细长纺锤形

(引自马宝焜等，《苹果整形修剪图解》)

2. 树形评价 适用于短枝型或矮化密植苹果建园，适宜株

行距为 (1.5～2) 米×(3～4) 米，每亩栽植 84～148 株，常见
的株行距为 2 米×4 米，每亩栽植 84 株。

细长纺锤形中心主干强健，着生多个小型主枝，开张角度
大，不分层，主枝上不留侧枝，单轴延伸，结果枝和结果枝组着
生在中心干和主枝上，树冠狭长，上小下大，外形因呈纺锤状而
得名。该种整形方式修剪量轻，枝条级次少，整形容易，成形和
结果早，树冠通风透光好，易保持良好的果园群体结构，管理方
便，产量高。

3. 整形技术

（1）第一年 春季栽植建园。

①成品苗栽后定干。壮苗高定干，弱苗低定干，可根据苗木
的质量采取不同的措施（图 6-16）；剪口留饱满芽；剪口要及时
涂抹愈合剂保护。

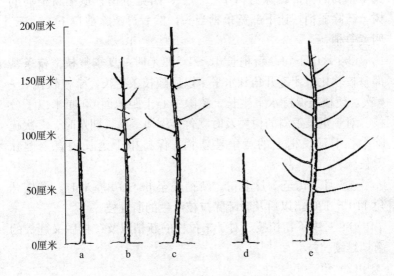

图 6-16 栽后定干

（引自马宝焜等，《苹果整形修剪图解》）

a. 当苗高在 100～150 厘米、苗木不带分枝时，可在苗高 80 厘米处进行短截，即定干（图 6-16a）。

b. 当苗高在 150～180 厘米、苗木带有一定分枝、苗木健壮时，可适当提高定干高度至 120 厘米，并去除粗度超过主干 1/3 的分枝（图 6-16b）。

c. 当苗高超过 180 厘米、苗木生长健壮时，可不定干，但应去除粗度超过主干 1/3 的侧生分枝（图 6-16c）。

d. 当苗高不足 100 厘米时，宜在 50 厘米处选择饱满芽短截，翌年再进行主干处理（图 6-16d）。

e. 当苗高超过 180 厘米时，且苗木分枝多、苗木生长势强时，可不定干，同时可保留较多的符合枝干比的分枝（图 6-16e）。

②5 月上中旬。当新梢长 5～10 厘米时，疏梢定梢。顶梢壮竞争梢弱的树，疏除剪口下二、三、四竞争梢。顶端新梢弱的树，疏除弱梢，让下部竞争梢当头，然后再疏除剪口下二、三、四竞争梢。

③5 月中下旬。新梢长 15～20 厘米时，夏季整枝。枝条基部拿枝软化，牙签开角到水平。以后随枝条生长，拿枝软化 3～4 次，使枝条保持水平生长。疏除中心干距地面 60 厘米以下分枝。对于生长歪斜的树要及时立竹竿绑缚。生长期及时、多次疏除中心干延长梢上的竞争性新梢，保持中干延长梢直立健壮生长。

④6 月下旬至 7 月上旬。新梢长至 60～70 厘米时，拉枝开角 110°～120°，以后及时疏除拉枝产生的萌蘖枝。

⑤9 月中下旬拉枝。对于未拉枝的新梢以及拉枝后又翘头的新梢继续拉枝。

（2）第二年

①2～3 月修剪。首先疏除中心干距地面 60 厘米以下所有分枝，然后根据幼树的生长情况采取两种修剪方法。

有 5 个以上有效长枝树的修剪：疏除枝干比大于 1/2 的过粗过壮枝、重叠枝（同侧枝上下间距 40 厘米左右）、过密枝、病虫枝，一次性留 5 个以上的长枝作主枝。疏除主枝上的较长分枝、竞争枝、直立壮枝，保持主枝单轴延伸。中心干延长枝在饱满芽处中短截，一般留长 60～80 厘米。上年秋季未拉枝的应拉枝下垂，对上年拉枝后又翘头的枝以及拉枝没有到位的枝重新拉枝校正。3 月中旬萌芽前，短截后的中干延长枝自下剪口向上刻芽，隔 3 刻 1，螺旋式上升，直到剪口 30 厘米处，刻第一芽时应与剪口下第一枝条的生长方位错开。二年生中干缺枝处刻芽补空。

发长枝 5 个以下树的修剪：中心干延长枝在饱满芽处中短截，一般留长 60～80 厘米。将所有侧生分枝从基部全部疏除，重新培养。3 月中旬在主干距地面 60 厘米处向上刻芽（遇到短枝或剪口要跳过去），隔 3 刻 1，螺旋式上升，直到距剪口 30 厘米处。

②生长期的管理。当年生枝头和新梢的管理同第一年。中干上主枝的管理，5 月中下旬整枝，及时控制主枝背上新梢，通过扭梢等措施，培养成小型结果枝组。此后应多次处理主枝上的新梢，及时控制。对背上过密的壮梢：无空间的疏除，有空间的应继续扭梢处理促成花。

（3）第三年

①2～3 月修剪。中心干延长枝留 60～80 厘米在饱满芽处短截。中心干上的当年生新梢，疏除枝干比大于 1/2 的过粗枝、重叠枝、过密枝、病虫枝，留下的长枝缓放，作主枝。主枝同侧上下间距 40 厘米左右。疏除多年生主枝上的直立枝、过密枝、竞争枝、过壮过大侧枝，保持主枝单轴延伸，水平或下垂生长。疏除中心干距地面 60 厘米以下分枝。

②生长季的管理同第二年。对多年生主枝也要及时拉枝下垂、多次拿枝软化，或在翘起部位转枝下垂，拉枝固定。

（4）第四年　树高接近预定高度的树，中干延长枝不再短截，生长较低的树继续短截，其他各项管理同第三年。第四年的树基本成形。

（5）第五年以后树　保持树势平衡稳定。根据树势状况及肥水条件，确定合理的留果量，勿使果树挂果量过大引起树势早衰，但也不能使果树挂果量过少，否则果树旺长不易控制。

①保持强壮直立的中干、合理的枝干比（小于 1∶3）。要达到这一目的，最关键的技术措施为去除剪口竞争芽枝、拿枝软化、拉枝开角，将枝干比控制在 1∶2 以下；将主枝角度拉至水平以下，不短截主枝延长头，严格疏除主枝上的侧生枝，主枝上直接配备小型结果枝组，使主枝保持单轴延伸，延缓主枝增粗速度，拉开枝干比。同侧主枝上下间距 40 厘米左右，角度 90°～110°，长度不超过 1.2 米，粗度不超过 3 厘米，过粗的主枝，每年疏 1～2 个，轮流更新。

②枝组的更新。对于连年结果衰弱或者冗长的枝组，直接从基部留桩疏除，3～4 年轮换 1 次，采用边培养边轮换的方法。剪口下可以发出自然开张的枝条，稍加处理即可成花，从而达到枝条更新的目的。

③树高的控制。疏除树头的直立旺枝，使果树保持良好的光照条件和合理的亩枝量。超过高度的树，拉弯中干延长枝，促成花结果，控制树高。必要的时候再用落头留头、大头换小头的办法控制树高。

④冬夏季修剪并重。注意冬季运用拉枝、刻芽促萌以及夏季的拉枝、拿枝、扭梢等促成花技术，促使果树营养生长与生殖生长达到动态平衡。

（四）高纺锤形

1. 树体结构　高纺锤形整体树形呈高细纺锤状或圆柱状，成形后树冠冠幅小而细高，平均冠幅 1～1.2 米，树高 3～3.3 米，主干高 0.8～0.9 米；中央领导干上着生 30～50 个螺旋排列临时性小主枝，结果枝直接着生在小主枝上，小主枝平均长度为0.5~0.6米，与中央干的平均夹角约为110°，同侧小主枝上下间距约为20厘米。中央领导干与同部位的主枝基部粗度之比(5~7)：1（图6-17）。

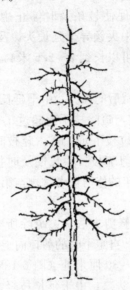

图6-17 高纺锤形
(引自马宝焜等，《苹果整形修剪图解》)

2. 树形评价 此整形方法适用于矮化密植苹果，栽植株行距为（0.9~1.5）米×（3.3~4）米，每亩栽植111~224株，常见的株行距为1米×3.5米，每亩栽植190株。

高纺锤形具有结构简单、整形容易、成形快、管理方便、省工省力、冠幅小、前期产量高、果树成形快等特点，一般3年就可以完成树形结构并挂果，管理得当，缩短幼树期2年以上。

3. 整形过程

（1）第一年

①春季栽植建园。春季成品苗定植后定干，定干高度在80~

120厘米。

②生长期管理。新梢长5～10厘米时，疏除剪口下第二、三、四竞争梢促进顶梢生长。当新梢长至15～20厘米时，拿枝软化，牙签开角。新梢长40～50厘米时立即进行拉枝，一般拉枝角度为110°左右。促使枝条及时停止生长，增加营养积累，形成花芽。同时检查中央领导干延长头，及时去除竞争性分枝。到秋季落叶前，果树可以长到2～2.5米高，中央领导干上具备长枝10个左右。

③带分枝大苗栽植后的修剪。中干延长枝不短截，疏除长度超过60厘米的过长枝，疏除枝干比超过1/2的过粗枝、角度小的枝，其余长枝全部拉枝下垂110°。疏枝时有空间的采用斜剪法疏枝，无空间的平剪疏枝。生长期及时扭梢，控制主枝背上枝。带分枝大苗第二年的修剪参考常规苗第三年修剪。

（2）第二年

①2～3月修剪。修剪方法一：疏除所有侧生枝，中干延长枝不短截（图6-18a），自定干时的剪口向上刻芽，每间隔3个芽刻一个，刻到顶端20～30厘米处（图6-18b）。第二年冬季生长状见图6-18c。修剪方法二：中干延长枝轻短截或不短截，刻芽促发枝；侧生枝长放不剪，对上年拉枝后又翘头的侧生枝以及拉枝没有到位的枝重新拉枝校正。疏除中心干上50厘米以下的分枝。

②生长期管理。中心干上当年生新梢的管理同上年。5月中下旬，主枝上的新梢长15～20厘米时扭梢处理，过密的新梢疏除。及时疏除中干延长梢、主枝头上的竞争性新梢。到第二年落叶时，树高3米左右，具有25个左右小主枝。

（3）第三年

①2～3月修剪。中心干缺枝部位刻芽，促发分枝补空。疏除中干上的过密枝、重叠枝、枝干比大于1∶3的过粗过壮枝。对上年拉枝后又翘头的枝以及拉枝没有到位的枝重新拉枝校正。

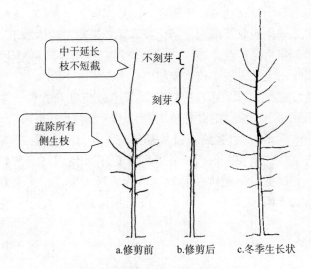

中干延长枝不短截

不刻芽

刻芽

疏除所有侧生枝

a.修剪前   b.修剪后   c.冬季生长状

图 6-18   第二年修剪

(引自马宝焜等,《苹果整形修剪图解》)

②生长期管理。中干上当年生新梢的管理同第一年。二、三年生主枝背上的新梢要及时扭梢、拉枝,疏除过密过旺枝。

③第三年冬季。树高达到 3.0～3.5 米,具有 25～30 个小主枝,其中二年生主枝大部分形成优良短枝并成花,可少量结果,株留果 20～30 个,亩结果 1 000 千克左右,树体基本成形。

(4) 第四年及以后树。第四年的管理大体和第三年相同。修剪时注意疏除过粗过大的主枝、过密的枝以及中央领导干的竞争枝,同时注意控制上部的生长,使树体高度不再迅速增加,促使果树生长中心由营养生长向生殖生长转变。果树高度达到预定高度(树高等于行距的 90% 左右),中干直立健壮,枝干比达到 (4～5)∶1,具有 40 个左右的小主枝。第四年的树,可大量结果。亩产 3 000～3 500 千克。

高纺锤形树冠较高,树体细长,一般需设立支架,实行立架栽培。建园后就设立架,10 米埋 1 根水泥柱,设 3～4 道钢丝,将幼树中心干延长梢和中干固定，防止歪斜。

选栽矮化或双矮苗木。矮化或双矮苹果苗木树体矮小，枝条粗壮，萌芽率高，花芽饱满，容易控制；乔化苹果和矮化苹果，树体偏旺，大量冒条，较难控制。

通过拉枝、以果压枝等措施调节主枝角度和方位，主枝较少使用回缩修剪，如果主枝太粗（直径超过 3 厘米）、太长（长于 60 厘米），直接将主枝从基部疏除，每年疏除 2～3 个大枝，使主枝的直径最好保持在 2 厘米以下。使用马蹄形斜剪法疏枝，刺激剪口下潜伏芽萌发，培养成新主枝，轮流更新。同侧主枝上下间距 20～30 厘米，亩产量保持在 4 000 千克左右（图6-19）。

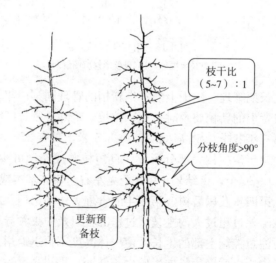

枝干比
（5~7）∶1

分枝角度>90°

更新预备枝

图 6-19　第四年树

（引自马宝焜等，《苹果整形修剪图解》）

（五）Y 形和 V 形

1. Y 形　又称二主枝开心形（图 6-20）。干高 30～50 厘米，全树只有 2 个主枝，伸向行间，主枝间夹角 45°～60°。主枝上配置小型结果枝组，树高 2.5～3 米。该树形树冠透光均匀，果实分布合理。利于优质丰产。一般株距 1～2 米，行距 4～5 米，适于小株距、大行距的高密度矮化砧苹果栽培。

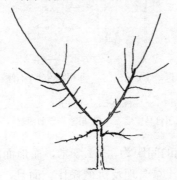

图 6-20　Y 形

（引自马宝焜等，《苹果整形修剪图解》）

　　Y 形适合宽行矮化砧密植苹果栽培。在河北农业大学天户峪三优富士示范园的实践中表现，Y 形整枝的苹果树，树势稳定，结果早，产量高，品质优良。其成形容易，管理简单，修剪轻，用工少。

　　2. V 形　V 形（图 6-21），适于矮砧宽行高密度果园。V 形一般架设 V 形篱壁架，顺行向设立两个架，上部向行间倾斜，夹角 50°～60°，形成 V 形架面，架高 2 米左右，苹果树栽在行上，将树分别向行间拉斜，绑在 V 形架面上，每一单株按细长纺锤形整枝，分枝也引缚于 V 形架面上。

　　在宽行高密度篱壁栽培情况下，应用高纺锤形整枝，树冠基本形成后，将树体分别向左右边倾斜，两株树形成一个 V 形，固定在双篱架上，以后的修剪与高纺锤形基本相同，分枝绑缚在铅丝上。

　　该树形可以应用宽行密植，例如 5 米行距、1 米株距栽植，

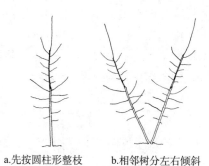

a.先按圆柱形整枝   b.相邻树分左右倾斜

图 6-21　V　形

（引自马宝焜等,《苹果整形修剪图解》）

成形后相邻行树梢的间距为 1～1.5 米，而地面的实际行距仍为
5.0 米，因而便于土壤管理及机械操作。而且，树干倾斜，有利
于控制先端优势，防止上强，缓和生长势。但是，需应用矮化砧
穗组合，才能容易完成整形和管理工作。

二、修剪技术

（一）修剪时期

　　果树修剪时期分为休眠期修剪和生长期修剪。休眠期修剪即
冬季修剪。生长期修剪包括春、夏、秋剪。不同时期修剪有不同
的任务。现代苹果栽培，强调四季修剪，即根据苹果树不同生育
期生长中心的变换，及时进行修剪调节，有目的地控制或促进果
树生长发育，使苹果树早果丰产。

　　1. 休眠期修剪　休眠期修剪从冬季落叶后到春季萌芽前进
行。此时果树的贮藏养分已由枝叶向枝干和根部运转，并且贮藏
起来。这时修剪，对养分的损失较少，而且因为没有叶片，容易
分析树体的结构和修剪反应。因此，冬季修剪是多数果树的主要

修剪时期。近年，河北农业大学曹克强团队研究表明，3月上中旬修剪可以大幅度减轻苹果园腐烂病的发生。因此建议，苹果冬季修剪以3月上中旬最为适宜。

冬季修剪的主要任务是培养骨干枝、平衡树势，调整树体结构、培养结果枝组、调整花叶芽比例及改善树体光照。修剪后，要对剪锯口涂抹愈合剂保护。

2. 生长期修剪　生长期修剪指春季萌芽后到秋冬季落叶前的修剪。由于主要修剪时间在夏季，因此常称为夏季修剪。但按季节又分为春季修剪、夏季修剪、秋季修剪。

（1）春季修剪　在春季芽萌动后到花期前后进行修剪。春季修剪的主要内容是疏剪花芽、调整花叶芽比例，抹芽除萌、刻芽促萌等。又分为花前复剪和延迟修剪。对于冬季花芽不易识别的枝条，可于春季花前复剪。花前复剪是冬剪的复查和补充，主要在花芽露蕾时进行，目的是调节花量。延迟修剪在萌芽后进行，主要是剪除萌发部分，提高萌芽率，增加枝量。

（2）夏季修剪　开花后至秋梢停止生长前进行修剪。夏季修剪能改善光照，促发二次枝，加速幼树成形，缓和树势和枝势，促进花芽分化。夏季修剪主要内容是开张角度、调整生长与结果的关系。夏季修剪是控制旺长，改善光照、提高品质的重要环节。修剪时疏除过密枝，开张大枝角度，常用摘心、扭梢、拉枝、环剥等方法。

夏季修剪量要适度，方法以摘心扭梢、调整枝条角度为主，勿过多疏枝、短截和过重环剥。

（3）秋季修剪　秋梢基本停长后至落叶前进行的修剪。重点是调整树体光照条件，疏除徒长枝、背上直立枝，改善光照条件，促进果实着色和花芽分化。

秋季修剪造成的营养损失比冬剪大，切勿修剪过重，且不宜在弱树上应用。秋剪时间要适当，过早会引起二次生长，修剪过晚则难以收到良好效果。

总之，不同时期的修剪各有特点和作用，生产上应根据具体情况相互配合、综合应用。目前生产上越来越重视生长期的修剪，变单纯的冬季修剪为四季修剪。

（二）修剪方法

苹果修剪方法概括为"截、疏、放、伤、变"五种。了解不同修剪方法及作用，是正确采用修剪技术的前提。

1. 截 "截"是指剪去枝条的一部分，短截、回缩、摘心都为"截"。

（1）短截 短截是指剪去一年生枝的一部分的修剪方法，具有局部促进和整体抑制的双重作用。短截按去除枝条部分的长短不同分为轻短截、中短截、重短截和极重短截。去掉枝条1/3左右为轻短截，去掉枝条1/3～1/2为中短截，去掉枝条2/3左右为重短截，只留枝条基部两三个芽短截为极重短截。一般来说，除极重短截外，修剪越重对单枝促进作用越大，对全树抑制作用越明显。

短截方法的运用可促进剪口下芽的萌发生长，提高成枝力，增加长枝的比例，其修剪反应随短截程度和剪口附近芽的质量不同而异。如苹果在春秋梢饱满芽处剪截，发生长枝最多，生长量也最大，而且有利于控制枝条发生的部位，常用于大冠整形中培养健壮骨干枝；若在秋梢先端或春秋梢交界处短截，则可减缓先端优势，发生长枝的数量少，短枝的比例增加，有利于缓和枝条长势，促进花芽分化；在枝条基部重短截，会发少量旺枝。由于苹果以中、短枝顶花芽结果为主，要想早结果，短截数量应少、程度宜轻。

苗木栽后定干，中心干、骨干枝延长枝头短截时，要选留好第一芽的方向，即本枝延伸要求的方向。另外，剪口状况也很重要，即剪口要平滑，剪口距芽0.5厘米左右，留桩太高或太低均不合适。留桩太低，第一芽成枝力明显减弱或不能成枝。留桩太高，第一芽枝着生角度加大，影响直立生长，且容易形成干死桩，增加病害侵染概率。

（2）回缩 剪去二年生以上枝的一部分叫回缩修剪或缩剪。按照修剪的程度不同，也可分为轻回缩、中回缩、重回缩。回缩对剪口后部的枝条生长和潜伏芽的萌发有促进作用，对母枝则起到较强的削弱作用。同短截一样，回缩的修剪反应与缩剪程度、剪口枝的强弱、伤口大小有关。如回缩剪口留强枝，伤口较小，缩剪量适度，可促进剪口后部枝芽生长，起到更新作用，常用于骨干枝、枝组或老树的更新复壮；剪口下留弱枝、回缩过重，则抑制生长，常用于骨干枝的控制或相互间的均衡调节等。下垂枝、衰弱枝回缩，剪口留背上枝，抬高枝组角度，使枝组复壮。

回缩用于培养枝组时，缩短枝组的"枝轴"长度，使枝组紧凑。回缩也用于骨干枝开张角度，或改变骨干枝的延伸方向。夏剪时缩剪未坐住果的枝，可以节约树体养分，改善树冠内光照；密植园在树冠已郁闭时也可用回缩，剪除部分遮阴枝，以解决郁闭造成的少花少果、树体徒长等问题。

高纺锤形整形修剪中的斜剪法疏枝，实际上是一种极重回缩，留下一小部分母枝桩口，剪锯口留大斜面，刺激伤口附近潜伏芽萌发，削弱其长势，开张其角度，培养中庸健壮的枝条形成较细的新枝组。

（3）摘心 摘心是在新梢旺长期，摘除新梢嫩尖部分。摘心可以削除顶端优势，促进其他枝梢的生长；还能使摘心的梢发生副梢，以削弱枝梢的生长势，增加中、短枝数量；有些品种还可以提早形成花芽。苹果幼树可以通过摘心来培养结果枝组。苹果幼树秋季停止生长晚，易引起冻害和抽条，晚秋摘心可以减少后期生长，有利于枝条成熟和安全越冬。

2. 疏 疏是指将枝条从基部去除，疏除（疏枝）、除萌抹芽都为"疏"。

将无用的萌芽抹除称为抹芽。除萌、抹芽都是疏除。疏枝可以减少树体枝叶量，改善树冠内光照状况及附近枝的营养状况。疏枝后，对伤口上方（前方）具有抑制作用，对伤口下方（后方）的枝条具有促进作用。就整株而言，若疏除上部的枝条较多，顶端优势就会向下部枝条转移，从而增强下部枝条的生长势；相反，如果疏除下部的枝条较多，则会增强上部枝条的生长势。同时，由于疏枝减少了枝叶量，有助于缓和母枝的加粗生长。

生长季节和休眠季节都可以疏枝。疏枝的对象主要是病虫枝、过密枝、过粗过壮枝、重叠枝、交叉枝、并生枝、衰弱枝、竞争枝、徒长枝、辅养枝、临时性主枝、位置过低的主枝、严重影响光照的枝组以及一些需要更新的枝条。另外，还有一些树形当中影响单轴延伸的较大分枝也需要疏除。

疏枝时应注意伤口倾斜20°～30°，休眠季节疏枝要在剪锯口涂抹愈合剂保护。

3. 放　"放"指长放不剪。对一年生枝条保留不剪称为缓放，也叫长放或甩放。缓放属于一种缓势剪法，具有缓和新梢长势和降低成枝力、提高萌芽率、促进成花、加快树干和枝条增粗等作用。在红富士下垂枝结果的管理方法当中，采用连年缓放的方法可培养下垂的单轴结果枝组。长放修剪也是密植果园为了控制树体发展，减少冠内枝梢密度而最常采用的方法之一。

不同品种的枝条缓放效果不同。普通型品种缓放成短枝少，短枝型品种缓放成短枝多。

不同类型的枝条缓放效果不同。如中庸枝、下垂枝缓放，由于母枝生长势缓和，易形成较多中短枝，生长后期积累较多营养，能促进花芽形成和结果。强壮直立枝缓放，顶端优势强，母枝增粗快，形成短枝少，成花较难。因此，对直立强旺枝要早控制，采取拉枝、拿枝等措施，变直立为平斜，变强旺为中庸健壮，以便早成花结果。

4. 伤　"伤"指造伤，使树体或枝条受损，包括刻伤（刻芽）、扭梢、拿枝、环割、环剥等。

（1）刻伤　又称刻芽、目伤，指在芽子前部或后部0.5厘米处用刀横刻或月牙形刻皮层（伤口宽度为枝条周长的1/3左右），深达木质部的修剪方法。所刻的位置不同，所起的作用也不相同，在芽上方进行刻芽，具有促进芽子萌发成枝的作用，在芽下方刻芽则具有抑制芽子萌发的作用。

幼树刻芽可以快速培养树形，提早成形结果。芽前刻伤，以促进枝条萌芽成枝，特别是出短枝，可早成花、早结果。在缺枝处刻芽，可以定位发枝，抽枝补空。对于长的发育枝，背上芽芽后刻，两侧芽芽前刻，可以更多、更均匀地诱发短枝，对于普通型品种效果更好。刻芽与用抽枝宝点芽效果相近，生产中两者可配合应用。

刻芽一般用钢锯条较适宜，刻出的伤口宽度合适，深度容易掌握，效果较好。

刻芽时间以萌芽前半月至萌芽前后为宜。刻芽早，出长枝多；刻芽晚，出短枝多。因此，欲出长枝，刻芽宜早。休眠期刻芽过早，容易发生枝条失水，导致抽条；刻芽过晚，芽已经萌发，达不到目的。

（2）扭梢　就是用手将新梢下部扭伤。传统的扭梢方法是在新梢旺长期，新梢长度达到20～30毫米，基部半木质化时，将直立旺梢、竞争梢在新梢基部5厘米处扭转180°，使韧皮部和木质部受伤而不折断，下垂于母枝旁，可以把这种扭梢方法称为高位扭梢。操作时，应先将被扭处沿枝条轴向水平扭动，使枝条不改变方向而受到损伤，再接着扭向两侧呈水平、斜下或下垂方向。

扭梢可抑制被扭新梢的生长，促进养分积累，形成花芽。扭梢的枝第二年缓放后可形成小型结果枝组，有利于早结果。但这些枝组都位于主枝背上，过多时不好处理，可以对扭梢技术加以改进。改进后的扭梢方法是在新梢长至15～20厘米时，从新梢基部扭梢，不留桩，并向一侧压平，变背上枝为侧生枝，培养成优良的结果枝组，可以把这种扭梢方法称为基部扭梢。这样处理对于两侧缺枝的情况非常有用，起到补空的作用。实际操作中，两种方法可以结合运用，两侧缺枝处基部扭梢转向两侧补空，不缺枝的地方进行高位扭梢，培养背上枝组，使整个主枝枝轴枝组丰满，枝量增加，利于高产。

（3）拿枝（拿枝软化）　也叫捋枝，就是用手握住枝条从基部向梢头逐渐移动并轻微折伤木质部，促使枝条角度开张。拿枝软化时左手握住枝条基部，右手握住枝条上部，左手上抬，右手下压，反复多次，边抬压边向枝条上部移动。拿枝可以开张枝条角度，缓和长势，提高枝条成熟度和芽体质量。拿枝时注意手部力量的轻重，避免折断枝条或重伤枝条皮层。

（4）环割、环剥　环割又称环刻，是在枝干上横切一圈，深达木质部，将皮层割断。若连割两圈，并去掉两个刀口间的一圈树皮，即称为环剥。环割、环剥可以在主干或主枝基部进行，环剥宽度一般为主干或主枝直径的 $1/8 \sim 1/10$，深度达木质部。这些措施有阻碍营养物质和生长调节物质运输的作用，有利于刀口以上部位的营养积累、抑制营养生长、促进花芽分化、提高坐果率、刺激刀口以下芽的萌发和促生分枝。环剥对根系的生长亦有抑制的作用，过重的环剥会引起树势的衰弱，大量形成花芽，降低坐果率，对生产有不利影响。环割、环剥的时期、部位和剥口的宽度，要因品种、树势和目的灵活掌握，一般要求剥口在 20～30 天内能愈合；为了促进愈伤组织的生长，生产中常采用剥口包扎旧报纸或塑料薄膜的方法，以增加湿度，还可防止害虫的为害。用于适龄不结果的幼树环剥促花，可在 5 月中下旬至 6 月上旬进行；为提高坐果率可在初花期进行。红星等品种环剥后易出现不良反应，应慎重应用。

5. 变　"变"指改变枝条生长角度和方向，包括曲枝、拉枝等。扭梢、拿枝、曲枝即有"伤"，又有"变"。扭梢、拿枝以

"伤"为主，归为"伤"，曲枝、拉枝以"变"为主，归为"变"。

（1）曲枝（曲枝变向）　是指改变枝梢方向和角度的措施。把直立枝拉平、下弯或圈枝，能削弱枝条的顶端优势，提高萌芽率，有利减缓生长，促进花芽形成和结果。曲枝可开张骨干枝角度，能使一些直立枝、竞争枝免于疏除，变废为宝。

（2）拉枝（拉枝开角）　就是用绳子等工具人为地改变枝条的生长角度和分布方位的一种整形方法。撑枝、坠枝、开角器开角、牙签开角等都归为拉枝。拉枝对调整果树生长与结果的关系具有非常重要的作用，可改善光照通风条件、改变枝条极性、调整枝条势力、促进或抑制枝条生长、萌发，促进花芽分化、提前结果。拉枝作为现代苹果管理的重要方法为越来越多的果农重视和运用。

①拉枝时期。拉枝作为果园管理的重要手段，一年四季均可进行。休眠期枝条较硬，拉枝较费力，生长期枝条较软，拉枝较容易。

在幼树整形修剪过程中，株距决定拉枝的时间和角度。株距的大小决定枝条发展空间的大小和冠径的大小。株距越小，拉枝时间越早，拉枝角度越大。同一株树，上部枝拉枝宜短些，中下部枝宜长些，形成上小下大的合理树体结构。

②拉枝对象。凡是角度不理想、生长直立的枝均可拉枝到需要的角度和调整到有空间的部位。当年新梢、一年生枝、多年生枝均可进行拉枝。

③拉枝时间及角度。拉枝角度一定要根据不同情况分别对待，不能强求一致。要根据品种特性、地理条件、土壤状况、肥水情况、栽植密度、整形要求、结果情况以及该枝条的势力、长短、方位、空间等情况灵活对待。

树形不同拉枝角度不同。一般情况下，小冠疏层形主枝角度拉到 70°～80°，纺锤形主枝角度拉到 90°左右，细长纺锤形和高纺锤形主枝角度拉到 110°甚至更大角度。主枝拉枝角度小些，侧枝、辅养枝、背上枝拉枝角度大些，理顺主从关系。

树势、枝势不同拉枝角度不同。树势、枝势强拉枝角度大；树势、枝势弱拉枝角度小。在同样的情况下，壮枝拉枝角度大一些，弱枝拉枝角度小一些；壮树拉枝角度大一些，弱树拉枝角度小一些。土壤肥沃的水浇地果树生长健壮，生长量大，拉枝角度应大一些；瘠薄旱地树体生长量小，拉枝角度应小一些。

④拉枝方位。拉枝一般就是把枝条垂直向下拉，根据空间情况错开一定的方位。如果附近缺枝，可以通过拉枝变向将枝条拉向缺枝的部位，进行拉枝补空。对于伸向行间而不计划回缩或疏除的枝，斜拉向株间，保证行间作业时便于通行。

⑤拉枝方法。拉枝前先拿枝软化枝条基部，然后用手在计划绑绳部位下压枝条，看枝条是否能够达到理想状态，调整手压的位置直到满意为止，将绳子一端绑在枝条的适宜部位处，另一端绑在树干上。如果绑在树干上枝条拉枝角度不理想，应在树下顶木桩，将绳子固定在木桩上。也可以用开角器开角或水泥球坠枝开角。

⑥注意事项。拉枝材料要抗风化能力强，休眠期拉枝要能维持3个月以上，生长期拉枝要能维持1个月以上。要严防拉绳嵌入枝条之中，系绳时，最好系活套或使用挂钩，用较细的铁丝或绳拉枝时，要加护垫。地下固定要牢固，防止因浇水或下雨使拉绳反弹。严禁一绳拉多枝，枝条着生方位本来较均匀，不少果农，图省事用一根绳子拉几个枝或把几个枝捆在一起，人为造成密闭。拉枝时，应注意整树势力的把握和调整，下部旺、上部弱，上部旺、下部弱，整树旺的情况下，拉枝角度应有不同。拉枝部位要正确，应从枝条基部开角拉下垂，防止出现弓弯。搞好拉枝后的管理，拉枝后要及时疏除背上的徒长枝。枝条角度固定后要及时解绑，防缢伤。

（三）修剪技术的综合应用

修剪的方法很多，每种修剪方法的作用、时期、程度和方法不同。根据果树的生长情况和整形修剪的需要，应当灵活选择，综合应用各种修剪技术。

1. 调节枝条生长势　通过不同修剪方法、修剪强度、留枝的数量和类型、枝的开张角度等措施，可加强或抑制某些枝梢的生长。

（1）促进局部生长，增强枝条生长势　可以从以下几个方面考虑：一是采取中度短截，剪口留饱满芽；二是保持枝干直线延伸，少弯曲，抬高角度等；三是修剪时留壮枝、去弱枝；四是少留结果枝。

（2）减缓枝梢生长势　主要措施有轻短截，少短截，剪口留不饱满芽、留瘪芽，在春秋梢交界的盲节处短截；甚至长放不短截。疏剪时，去强枝，留弱枝，去直立枝留平斜枝，多留结果枝。拉枝开角，保持枝干有较大的开张角度，甚至下垂；保持枝干弯曲生长，通过扭梢、拿枝、环割等措施损伤枝梢局部组织等。此外还要考虑局部与整体的关系，加强某一局部的生长时，可能削弱树体其他部分的生长；减弱局部生长时，则可加强树体其他部分的生长，如控上以促下，抑前促后，控制强主枝，可以促进弱主枝生长等。

2. 调节枝条角度　枝条角度与其生长势密切相关，调节枝条角度是修剪中常用的措施。

枝梢角度与枝条着生的位置密切相关，在短截的情况下，不同位置的分枝，其角度亦有不同，剪口下第一、二枝，角度最小，常为竞争枝，一般不作主枝。往下发生的枝，基部开张角度较好，适于选留主枝。需要注意的是一般不要用竞争枝做主枝，以免主枝大型化。

修剪对枝梢角度的影响主要为轻剪缓放，枝条生长缓和，枝条比较开张。必要时留一些重叠枝，主枝角度稳定后，再疏除。短截不仅促进枝条加长生长，而且枝条角度较小，短截愈重，角度愈小。

开张角度的措施主要有牙签支撑、拿枝软化、拉枝下垂等。

3. 调节枝量　在比较好的肥水条件下，从提高萌芽率和发枝力着手，首先增加长枝的数量，短截虽减少了芽数，不能直接增加枝量，但可以促发长枝，增加了新梢上的芽数，翌年缓放，可以增加更多的枝量。其次尽量保留已抽生的枝梢，采取夏季摘心、芽上环割、刻伤、曲枝、扭枝等措施，可以提高萌芽率，增加发枝数量。疏枝、疏梢则减少枝量。

4. 调节花芽量　修剪调节花芽形成的途径主要在于调节枝梢生长势和生长节奏。在枝梢停止生长期，改善光照和增加营养积累；花芽形成后，通过剪留结果枝和花芽来调节。幼树要在保证壮旺生长和必要的枝叶量的基础上采取轻剪、长放、疏剪、拉枝、扭梢、应用生长调节剂等措施，以缓和生长势和及时停止生长，促进花芽分化。必要时也可采用环剥、环割、扭梢、摘心等措施，使所处理的枝梢在花芽分化期增加有机营养积累，促进花芽形成。郁闭果园和枝梢过密树，要通过改形、疏枝、开张角度，以改善光照，增加营养积累，促进花芽分化。衰老期和衰弱的枝梢，则需更新复壮，增强生长势。

有利于花芽形成的修剪方法主要有长放、戴帽、留橛修剪、拿枝软化、环割环剥、拉枝开角、抑顶促萌（封顶枝破顶芽）等。疏除背上枝时，留橛可发生弱枝，容易形成花芽。剪成斜橛，易发出斜生枝。一些中庸枝有饱满的顶芽，翌年萌发形成旺枝，封顶枝破顶芽，能发出几个短枝，有的还能形成花芽，形成一串短果枝。元帅苹果的大叶芽枝，往往发生旺条，破芽修剪可减少跑条。

5. 结果枝组培养及修剪　结果枝组是着生在骨干枝上、由 2 个以上结果枝和营养枝组成的生长结果基本单位，又称单位枝。

是苹果结果的主要部位，它的分布、配置，影响树冠内部的光照、产量和果品质量。中、大型枝组内可以调节生长与结果的关系，从而克服大小年结果现象。

（1）结果枝组的分类 结果枝组可依其大小、形态或着生部位分成若干类型，其应用依整形方式、树势、枝势、树龄等因素而变化，不同类型枝类亦可依需要相互转变。

①根据分枝数量和枝展范围。结果枝组分为小型枝组、中型枝组、大型枝组。小型枝组具有 2～5 个分枝，枝展小于 30 厘米，生长势中庸，易形成花芽，但寿命短、不易更新，有空间时可以发展成中型枝组。衰弱时可疏除，采用枝组与枝组间交替结果和更新。中型枝组分枝 6～15 个，枝展 31～60 厘米。生长缓和，有效结果枝多，枝组内易于交替结果和更新，寿命较长，可达 4～7 年。在树冠内占比例大，是主要结果部位。在空间小时，可控制成小型枝组；发展空间大时，亦可培养成大型枝组。大型枝组有 15 个以上的分枝，有时包含几个中型枝组，枝展大于 61 厘米，生长势强，便于组内交替结果和更新，寿命长。在控制不当时，大型枝组过大，实际成为侧枝，容易造成枝量过大，影响周围枝条的生长结果；过旺时影响枝条之间的平衡关系。在空间较小时，可通过疏除分枝或回缩至弱分枝处，以控制其大小，改造成中型枝组；过密时可疏剪，培养周围的中小型枝组。在少主枝的整形方式中，要利用大型枝组占据有效空间；而多主枝的整形中，则少利用大型枝组，以利培养单轴延伸的骨干枝。

②根据结果枝组的形态特征。枝组可分为松散型枝组和紧凑型枝组两类。松散型枝组由生长枝连年缓放形成单轴延伸较长的枝组，单轴上有一段或几段形成中、短结果枝，花芽饱满，坐果率高。长枝缓放有利幼树减轻修剪量，缓和树势，及时转换枝类组成，增加中、短枝比例，是幼树早结果的重要措施。在成龄少主枝的整枝中，在主要骨干枝的前部，空间较大处，亦常培养此类枝组，但要注意其生长势不可过旺，否则影响骨干枝的延伸和

主从关系。一般应疏除长的分枝，改变枝组的角度，有时可改变成下垂状。

③根据枝组在骨干枝上着生和延伸的方位。将枝组分为背上枝组、侧生枝组、下垂枝组。背上枝组，着生或延伸在骨干枝的背上部位，角度小，有的直立，极性强，生长势较旺，不易衰弱。由于骨干枝背上的空间较小，背上枝组应以中、小型为主，过多时会影响光照，而过大时影响层间有效距离。幼树阶段应少留，随着树势减弱，可以适当增加，特别是衰老树，多留背上枝组有利更新复壮。侧生枝组，着生和延伸在骨干枝两侧，生长势缓和，角度开张，结果能力强，以中型枝组为主，配合小型和大型枝组。下垂枝组，着生和延伸于骨干枝背下的枝组。下垂枝组角度大，枝势缓和，容易形成花芽，在提高干高的树形改造中，可补充基部骨干枝疏除后的空间，增加结果部位，特别是由背上枝或侧生枝改造成的下垂枝组，结果能力强，下垂枝组需不断抬高角度，逐步回缩复壮，以延长枝组的寿命，增强结果能力。

（2）结果枝组的培养

①小型枝组的培养。小型枝组的培养主要有先截后放法、缓放法、先放后缩法三种。先截后放法，经2～3年培养成中、小型紧凑枝组。生长旺、修剪反应强烈的苹果品种，在短截背上枝后易生旺条，故效果不佳。而生长较弱、修剪反应较弱的品种效果好。近些年修剪中短截应用较少、而且不强调应用紧凑枝组，这种方法应用逐渐减少。缓放法，中庸枝缓放，经2～3年生长和结果，自然形成枝组，枝势缓和，容易成花和结果，是目前普遍应用的方法。先放后缩，中庸枝经1～2年缓放，形成串花枝，回缩留2～3个花芽，结果后果台副梢生长形成紧凑型枝组。

②单轴延伸枝组的培养。缓放长枝，第一年冬季疏除侧生长枝，延长枝缓放不截。第二年冬剪照样疏除侧生长枝，延长枝缓放不截。第三年冬即有花芽形成，逐步形成枝组。

③下垂枝组利用。近年来大树改造，提高了树干高度，需要

增加下垂枝组，以补充结果部位，这些下垂枝组常由背上或水平枝改变方向，连续缓放培养而成。

（3）结果枝组的修剪

①小型枝组复壮。随着结果和枝龄的增加，枝组的生长势逐渐减弱，结果能力下降，应进行复壮修剪。对于缓放形成花芽的串花枝，在花量较大时，如无发展空间，可回缩至生长健壮的结果枝处；如尚有发展空间，宜去掉先端长果枝花芽，可促其下部芽萌发并有望当年成花，同时对后部的花芽适当疏间，以增强枝势。

②中型枝组复壮修剪。下垂枝组回缩至水平分枝处，抬高角度。带有分枝的枝组，疏除分枝，使养分集中，可增强枝势。

（四）不同年龄时期树的修剪

苹果不同年龄时期树的调整修剪是苹果优质丰产的关键。但在操作过程中，果农常常把握不好，造成幼树徒长，成龄树郁闭，丰产树弱而多病，"大小年"现象严重。因此，在修剪过程中，不同树龄的树要有目的地进行调整。

1. 幼树期 幼树期指由苗木定植到第一次开花结果的时期。幼树期一般 2～3 年，此期整形修剪的主要任务是做好整形工作，使树体生长健壮，安排好各级骨干枝，形成理想的树体结构，并且达到一定的枝量。在此基础上，使树势和枝类组成符合苹果花芽分化的要求，为早期丰产奠定基础。

幼树期的修剪首先应根据树形的要求选留骨干枝，使数量、分布符合所选树形的要求。调整好主枝角度，控制好辅养枝，轻剪长放多留枝，同时应加强生长期的修剪。此期修剪总量不宜过大，否则会引起徒长，推迟结果和进入丰产的时期，同时采用长放、环刻、拉枝、环剥等成花措施，形成一定的花芽，为进入初果期做好准备。

2. 初果期 初果期指从开始结果到大量结果前的这段时期，

是苹果树幼树期向盛果期转变的过渡阶段，一般为2～3年。这个时期的营养生长仍然较旺，对修剪反应比较敏感，短截易冒条，结果少；过度轻剪时生长势易变弱，也影响枝组培养和以后的产量。初果期修剪的主要任务是继续完成整形工作，要边整形边结果，继续留选和培养骨干枝，扩大树冠，完成整形；培养和配置结果枝组，为盛果期的高产稳产奠定基础。

根据整形计划和树形要求继续做好整形工作，直至树体成形。利用和控制好辅养枝，培养好结果枝组，继续搞好生长期修剪，使树体健壮生长，并尽快度过初果期。

3. 盛果期 盛果期是指从初果期结束到一生中产量最高的时期。此期树体骨架已基本形成，整形任务已完成，修剪的主要任务是维持健壮的树势，延长丰产的年限，调整好花芽叶芽比例，改善光照条件，培养与保持枝组势力，争取丰产、稳产、优质。

（1）调整树体结构，改善通风透光条件 苹果树进入盛果期以后，由于枝条多、树冠大、树冠间枝条交接，树冠内膛光照不良，枝条生长弱，从而影响丰产、稳产、优质，因此必须调整树体结构，改善通风透光条件。当树冠间已近交接或已经交接时，如果主枝延长枝弱，应适当回缩，使树体保持相对稳定状态；如果主枝延长枝生长壮可暂缓回缩，采取拉枝等措施，使其缓和生长后再回缩。修剪后行距应保持1～1.5米的作业道，株间互不影响，以充分利用光能和便于田间管理。对于初果期保留下来的较多辅养枝，应在盛果期分批、分期改造或疏除，使冠间、层间保持一定的层间距和叶幕间距。疏除和回缩也不能操之过急，应分批实施，否则会削弱树势，影响产量。根据空间情况，应优先疏除过密枝，控制背上枝的高度和大小，使树冠内通风透光，达到枝枝见光。盛果期达到预定树高时，中心干可以落头，以控制树高。

（2）结果枝组的更新复壮 由于枝组年龄过大，着生部位光照不良、枝条过密、结果过多等原因，出现结果枝组生长过弱，结果能力下降，就需要更新。枝组更新应从全树长势的复壮和改善枝组光照条件入手，采取相应的修剪措施。对结果多年后无法更新的老枝组，则应疏除，另选枝条培养新枝组代替。

（3）调整花、叶芽比例　每保留1个花芽，附近要有3～4个叶芽，做到负载合理，实现连年丰产、稳产。

4. 衰老期　衰老期指从盛果期到树体死亡的生长时期。衰老期苹果树的生长特点是新梢生长量小，发枝多，花芽多但结果少，内膛小枝组枯死多，结果部位明显外移，内膛光秃，中下部发出较多的徒长枝，此期修剪的主要任务是更新复壮。对主、侧枝回缩时选择角度较小，生长较旺的背上枝、直立枝取代原头，以加强树势。对各类枝组要恰当重截、多截、少疏、抬高角度，修剪原则是去平留直、去弱留强、去下留上、去长留短。多疏密生短果枝，保留并复壮背上、背斜、短轴壮枝。利用徒长枝是更新复壮老树的重要办法，要分不同的情况重点培养，对徒长枝、直立旺枝多截少放，以促发分枝，加强生长势。在树体结构上，要采取回缩落头的方法尽量降低树高，增加内膛光照，培养健壮枝组。

第七章
精细花果管理技术

花果管理是苹果树生命周期和年周期中的主要环节之一。进入结果期的苹果树，在促进花芽形成的基础上，精细花果管理技术主要是通过保花保果，提高坐果率，确保稳产；通过疏花疏果，调整合理负载量，确保连年稳产；通过提高果实品质，确保优质、高效，实现生产优质苹果。

一、保花保果

（一）落花落果原因

苹果一般有 3～4 次明显的落花落果，而落花落果的轻重，直接影响产量的高低。

1. 落花　花朵开放后，由于没有授粉受精或授粉受精不良而自然脱落，称为落花。落花时间在花期后、子房尚未膨大时。落花的原因主要有：

（1）花芽质量差　表现为花芽发育不良，花粉、胚珠、柱头等花器生活力弱，不具备授粉受精条件。

（2）营养不良　因各种原因造成上一年植株徒长或生长势弱，从而使树体贮藏营养不足，会产生因营养不良而落花。

（3）花期气候不良　主要是花期遇到大风、晚霜、低温、多雨、粉尘等不良气候，造成花器官受害或不能满足授粉受精要求，从而花脱落。

（4）缺乏授粉植株　因授粉树配置不当或授粉树花量小，造成授粉、受精不良。

2. 落果　在非外界因素作用下，落花后到果实成熟前的果实自然脱落现象，称为落果。落果发生时期及原因主要有：

（1）第一次落果　出现在花后 1～2 周，主要是由于授粉受精不充分，或者树体贮藏营养不足、幼果发育不良，子房停止生长而脱落。

（2）第二次落果　出现在花后 4～6 周，俗称"六月落果"。主要原因是养分供应不足，造成养分不足的原因主要有：①树体贮藏营养少。②花果量太多，消耗养分大。③营养生长过旺，养分过多的供应新梢和叶片的生长。④干旱、光照不良和低温等原因影响当年同化养分的形成。

除此之外，还有采前落果，主要与栽培品种有关。红星、津轻、陆奥等品种采前落果较重。

（二）保花保果措施

针对落花落果的原因，可采用如下措施提高苹果坐果率。

1. 提高树体营养水平

（1）加强管理　加强上一年的后期管理，在采后施肥、灌水的同时，疏剪过密枝条、开张枝条角度，改善通风透光条件，提高树体贮藏营养水平。

（2）花前追肥　结合花前灌水，以氮肥为主进行追肥。一般情况下盛果期树株施尿素 1～1.5 千克、初果期树株施尿素 0.5～0.75 千克。

（3）叶面喷肥　在开花前后喷 0.3%～0.5% 的尿素 2～3 次，可以增加树体内氨基酸含量，具有提高坐果率的作用。花期喷硼、盛花期喷 0.3% 钼酸钠、花后喷 0.3%～0.4% 磷酸二氢钾等，都能提高坐果率。

（4）夏季修剪 调整树型，确保果园通风透光，避免因局部郁闭的小气候造成果实脱落现象。合理利用摘心、扭梢和环剥技术，适当控制新梢生长，缓解营养生长和生殖生长的矛盾，改善果实营养条件。

2. 人工授粉 对授粉树配置不合理的果园，在不能保障正常授粉的情况下，要进行人工授粉。

（1）花粉采集 选能产生大量可稔性花粉的品种，为了保证亲和力，最好用混合花粉。在授粉前 2～3 天，选择花瓣已松散而含苞待放或初花期的花。采花时要兼顾被采花树的产量，以采边花为主。花量大的树可多采，还可起到疏花的作用。采花的数量，可根据授粉面积、被授粉树的花量等来确定。一般 75 千克鲜花朵能出 7.5 千克鲜花药，阴干后能出 1.5 千克干花粉（带花药的），可满足 1 公顷盛果期苹果树授粉用。

（2）花粉处理 刚采下来的鲜花，呼吸作用旺盛，不宜堆成大堆，要在干燥通风、温暖干净的室内及时摊开。用镊子将花药拔下，捡出花丝、花瓣等杂物，均匀地摊在白纸上，随时翻动以加速散粉。温度保持在 20～25℃，过高易降低花粉的生活力。经 1～2 昼夜，花药裂开即可散出黄色花粉，可连同花药一起稀释备用。

（3）授粉方法 一般常用点授法，为节省人工，也可用液体授粉和机械喷粉法。

①点授法。为节约花粉，可用淀粉、细滑石粉作填充物。花粉质量好、发芽率大于 80％时，可按花粉：淀粉或滑石粉体积比为 1：4 加填充物；花粉发芽率小于 30％时，不加填充物；花粉发芽率 30％～80％时，可按花粉：淀粉或滑石粉体积比 1：1 加填充物。天气不好要少加或不加填充物。随用随混，混后放置过久会影响花粉的发芽率，影响授粉效果。授粉工具一般用毛笔、气门芯、纸棒、纱布团、海绵球等，以气门芯和纸棒最为经

济。苹果花在开花后 3 天内受精能力最强，用授粉器蘸取花粉，点授于花的柱头上，蘸一次粉可点 5～7 朵花。每个花序点中心花和中心花紧邻的 1～2 朵。点授数量可根据应授粉树花量多少而定。花少的树，每序都应点授；花多的树，可隔序点授。点授要适量，若点授过多，大量坐果，既浪费了养分又增加了疏果工作量。一天内点授以上午进行为好。早开的花朵及中心花结实率高，果个大，所以在第一批花开放时点授效果最好。

点授法虽然比较费工，但在缺少授粉树的果园、初果期果园、花期阴天或刮大风条件下，点授法是比较可靠的。

②液体授粉。将采集的花粉混合到糖、尿素液中，用喷雾器喷花。配制比例：10 千克水、0.5 千克砂糖或白糖、30 克尿素、15 克干花粉。配法是先将糖溶于水中，制成 5% 的糖液，加入 30 克尿素，制成糖尿液，加入 15 克干花粉拌匀，通过 2～3 层纱布滤去杂质，即成"糖尿花液粉"。为了增加花粉活力，在喷花前加入 10 克硼酸，以手持喷雾器喷布。注意配制的"糖尿花液粉"要在 2 天内喷完，否则花粉发芽，影响授粉效果。一般在全树 60% 开花时喷布最好，喷时要求均匀、周到。

③机械喷雾。用 100 倍左右的填充物稀释过的花粉，放在农用喷雾器或各种小型喷雾器中，重点喷花多的部位。其优点是授粉速度快，坐果较好。

（4）蜜蜂或壁蜂传粉

①蜜蜂传粉。苹果花是虫媒花，花期果园放蜂可明显提高坐果率，节省劳动力，降低生产成本，还可收到蜂蜜和蜂蜡，经济效益好。蜜蜂有就近采蜜的习性，一般采蜜的半径距离在 200 米左右。因此，蜂箱放置不能离果园太远。一般每 1.5 公顷左右设 1 个蜂组，每个蜂组 4～6 箱蜂为宜。

②壁蜂传粉。壁蜂是独栖的野生花蜂，与蜜蜂相比，其访花速度快、传粉效果好、成本低。放壁蜂的果园内应隔一定距离设置蜂巢，蜂巢内放置巢管。壁蜂有效活动范围 40～50 米，约放

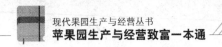

蜂 1 500 头/公顷。

3. 高接授粉树　在授粉树严重不足的果园，建议有计划地高接授粉树，从根本上解决授粉不良的问题。

4. 预防灾害　北方苹果产区花期最主要的灾害是晚霜危害，应注意气象预报，以便及时预防。根据发生时的条件与特点，霜冻分为辐射霜冻、平流霜冻和混合霜冻 3 种类型。辐射霜冻延续时间短，一般只是早晨几个小时，降温幅度－2～－1℃，较易预防。平流霜冻是寒流直接影响，涉及范围大，延续时间长，降温剧烈，极点温度达－5～－3℃，一般防霜措施效果不大。二者同时发生为混合霜冻，危害更严重。在经常发生平流和混合霜冻的地区，应从建园的地点、树种、品种等方面入手。

（1）预防霜冻措施　在经常发生辐射霜冻的地区，常用以下措施预防霜冻：

①适当增加主干和树冠高度，尽量减少冷空气集聚的近地面部分的结果枝数。苹果树行间留足通风带（80～100 厘米），增加通风空间可减轻危害。培养花期不同类型的果枝（长枝、中枝、短枝、腋花枝）。

②延迟开花。花前灌水可以延迟开花 2～3 天，还能提高空气湿度，为授粉受精提供一个良好环境条件，避开晚霜危害；早春进行树干涂白（涂白剂配方：10 份生石灰、1 份食盐、40 份水），可延迟萌芽和开花 3～5 天；树冠喷洒萘乙酸钾盐水溶液（250～500 毫升/升）可抑制芽萌动。

③熏烟。当气温降至 2℃时，利用秸秆、野草、落叶等燃烧物燃烧放烟，也可用防霜烟雾剂（防霜烟雾剂配方：20 份硝酸铵、60 份锯末、10 份废柴油和 10 份细煤粉，混合均匀后，装入容器内点燃），在上风口熏烟。

④喷防霜防冻剂。发生晚霜前，喷防霜灵、植物防冻液等有一定的防霜效果。还可以自制防冻液：8 份琼脂、3 份甘油、43

份葡萄糖、44 份蔗糖、2 份氮磷钾等营养素。先将琼脂用少量水浸泡 2 小时，然后加热溶解，再将其他成分加入，混合均匀后即可使用，喷时浓度为 5 000～8 000 倍液。

（2）冻害发生后补救措施

①充分利用好剩余花提高产量。在冻害发生后，会有部分开花时间晚、质量好的花避过冻害保存下来，特别是短枝的顶花芽和长枝的腋花芽受冻较轻，可通过辅助授粉充分利用。

②树冠喷水。灾害发生后，及时对树冠喷水，可有效降低地温和树温，缓解霜冻的危害。

③喷营养液。花期受冻后，在花托未受害的情况下，喷布氨基酸肥、尿素或天达 2116 等可提高坐果率。

④加强土肥水管理。及时施用复合肥促进根系和果实生长发育，增加单果重，减轻灾害损失。

⑤加强病虫害综合防治。遭受晚霜冻害后，树体衰弱，抵抗力差，容易发生病虫危害，要注意加强病虫害综合防护，尽量减少病虫害造成的损失。

二、疏花疏果

（一）疏花疏果的意义

1. 合理负载　苹果树进入结果期后，如果形成过量花芽，翌年必然大量开花坐果，造成树体负载过量，进而造成当年形成花芽过少，导致下年结果少，产生"大小年"结果现象。通过疏花疏果，调整合理负载量，减少对养分的过度消耗，确保连年稳产。

2. 提高品质　通过疏花疏果，人工剔除了小果、畸形果、病虫果，提高了果实整齐度；通过疏花疏果，使留下的果实得到充足的营养，为提高果实品质奠定了良好基础。

（二）疏花疏果的时期

1. 疏花时期 从花序分离到初花期进行。

2. 疏果时期 在落花后 1～4 周进行。疏果的适宜时期大致 20 天左右。过早疏果，由于果实太小，疏果技术很难掌握；过晚疏果，又起不到节省养分、促进花芽形成的作用。

（三）负载量确定的依据

1. 叶果比法 疏花疏果的理论基础是叶果比。即要保持健壮树势、增大果个、克服大小年结果现象，1 个果实应有一定的叶面积或叶片数。在良好的综合栽培条件下，实生砧苹果树，1 个果实需 40～60 片叶（其中，中型果的信浓红等品种，1 个果实需 40 片叶左右；大型果的富士系、元帅系等品种，1 个果实需 50～60 片叶）。矮化中间砧树和短枝型树，1 个果实需 35～45 片叶。

2. 距离法 叶果比难以直接用于生产实践，生产上常用按花果的间隔距离进行疏花疏果，即在良好的综合管理条件下，两个花果之间保持一定的间距，相当于 1 个果实有其所需要的叶面积和叶片数，从而使叶果比理论能较正确地、简易快速地应用于疏花疏果的实际操作中。在良好的综合管理条件下，实生砧树间距以 25 厘米左右为宜，可以采取留单果为主，结合留双果为辅。矮化中间砧树间距为 20～25 厘米，但均宜留单果。

3. 干周法 能快速测定全树适宜结果量。在树干中部准确量出干周长度（厘米）代入式 7-1，得出全树应留果量：

$$Y = 0.2C^2 \qquad\qquad （式 7-1）$$

式中 Y 为单株应留果数，C 为干周长（厘米）。

如 1 株干周为 20 厘米的新红星树，应留 $Y = 0.2 \times 20 \times 20 = 80$ 个果，实际留果时可多留出 10% 的果实。

4. 枝果比法 根据枝数与果数的比例来确定留果量。富士系、元帅系等大型果实的稳产壮树，枝果比为（4～5）：1，嘎拉等中型果稳产壮树，枝果比为（3～4）：1。

（四）疏花疏果的方法

1. 人工疏花疏果　人工疏花疏果是目前我国苹果生产中常用的方法。其优点是能够准确掌握疏除程度，选择性强，留果均匀，可调整果实在树冠中的分布。缺点是费时费工，对劳动力紧张及栽植面积大的果园，常常不能完成任务。目前，随着我国劳动力成本的提高及劳动力紧张的现象日益突出，化学疏花疏果越来越重要。

（1）人工疏花　苹果花序的中心花先开，边花由里向外逐渐地开，先开的花比后开的花所获得的贮藏营养多，所以中心花比边花所结的果实形状好、个头和果形指数也较大。疏花时首先疏除弱花序（4 朵花以下的花序）和病虫枝上的花序，最好不留腋花芽的花序，然后按 15～25 厘米留一个花序（元帅系 15 厘米、富士系 25 厘米），留下果台上的叶片。

（2）人工疏果　苹果树以 2～4 年枝龄和粗壮果枝的结果能力强，坐果率高、果实也大，5 年枝龄以后和较细弱果枝的结果能力逐渐明显地减弱。疏果时留中心果、下垂果、单果、长中果枝的果和树冠外围的果。在疏果时，应留下果梗，以免伤损果台，留下的果梗以后会枯萎脱落。疏果时要先上后下，先里后外，先疏除病虫果、畸形果、边果、直立与斜生果、短圆果，然后按距离或以产定果。

疏果是实现苹果优质高产的重要环节，是一项人为调节果树生长结果的措施。在疏果过程中必须坚持两个原则：一是坚决克服惜果轻疏观念，切实按照指标要求严格操作。有经验者可根据距离法，平均每 20～25 厘米留一个果；不能正确把握留果量而技术熟练的人，按照单位面积产量标准进行，正常苹果园每亩留果 1 万～2 万个，逐株逐枝分解，获取单株单枝留果量概念。二是坚持质量第一，正确安排留果位置，保证果实健康生长。实际操作中要把握：多留外围果，少留内膛果；多留中长枝果，少留短枝果；多留枝条两侧果，少留背上和背下果；留用顶花芽果，不用腋花芽果；留用有果台副梢的果，不用或少用无果台副梢的果；留用莲座叶多的果，不用莲座叶少的果；尽可能留用中心果，不用或少用边果；选用大幼果，疏去小幼果；选用长柄果，疏去短柄果；选用端正果，疏去畸形、偏斜、受伤果。

对于管理良好、整齐度高的密植园，也可采取以产定果的方法。如株行距 1.5 米×4 米的果园定产 45 000 千克/公顷，按预留 115%～120%计算，每株树定产 32 千克，每株留果 130～150个，按每株 25 个主枝计算，每个主枝平均留果 5～6 个即可。

2. 化学疏花疏果　化学疏花疏果，就是在花期或幼果期喷布某些化学药剂，使一部分花或幼果脱落以达到疏除目的的方法。化学疏花疏果具有疏除及时、省工和经济效益高的特点，适宜树势稳定、花果量较大的果园。缺点是影响药剂疏除效果的因素很多，有时难于达到稳定的疏除效果。

（1）化学疏花　通常用于疏花的化学药剂有：石硫合剂、有机钙制剂、橄榄油等。国家苹果产业技术体系 2016 年提出了化学药剂疏花规范，介绍如下。

①适宜药剂种类及浓度。

石硫合剂：果农熬制的石硫合剂乳油浓度为 0.5～1 波美度，商品用 45%晶体石硫合剂浓度为 150～200 倍。

有机钙制剂：适宜喷施浓度为 150～200 倍。

橄榄油：适宜喷施浓度为 30～50 克/升。

②喷布时期。盛花初期（即中心花 75%～85%开放）时喷第一遍，盛花期（即整株树 75%的花开放时）喷第二遍。寒富苹果等腋花芽多的品种可以在盛花末期（即全树 95%以上花朵开放时）增喷 1 次。

③喷施方法。第一，选用雾化性能好的喷雾器，重点对花或

幼果部位均匀细致喷雾。第二，喷药量：机械喷雾每亩控制在150～180千克，背负式喷雾器每亩控制在75～100千克。

④适用条件。第一，天气条件：适宜在晴天或阴天的天气条件下喷施。第二，温度条件：适宜温度20～28℃；花期白天温度连续低于10℃或高于30℃时，建议不进行化学疏花。第三，树体条件：适宜树势比较稳定、花果量较大的果园。

⑤注意事项。一是首次应用化学疏花疏果时，要进行小规模试验。二是品种差异。不同品种对化学疏花疏果剂的敏感程度不同，嘎拉、金帅、王林、美国8号等品种中心花与边花开放时期间隔较长，较低浓度容易疏除边花，浓度可以适当调低；而富士系品种中心花与边花开放时期间隔较短，应用浓度要适当调高，同时注意掌握喷施时期。三是树势差异。树势较弱时，应适当降低喷施浓度；树势旺时，可适当调高喷施浓度。四是授粉条件。没有配置专用授粉树或授粉品种的果园，不宜采用化学疏花。五是药液配制。药液要随配随用，尤其石硫合剂等钙制剂不能与任何其他农药混喷。

（2）化学疏果　用于疏果的化学药剂有萘乙酸、萘乙酸钠、乙烯利、西维因等。化学疏花疏果，不同苹果品种、不同药剂、不同浓度，效果差异很大，需要慎重使用。国家苹果产业技术体系2016年提出了化学药剂疏果规范，摘录如下。

①适宜药剂种类及浓度。西维因：适宜浓度为2.0～2.5克/升。萘乙酸：适宜浓度为10～20微升/升；萘乙酸钠：适宜浓度为30～40微升/升；

②适宜喷施时期。西维因在盛花后10天（中心果直径0.6厘米左右）喷第一遍，盛花后20天（中心果直径0.9～1.1厘米）喷第二遍。

萘乙酸和萘乙酸钠在盛花后15天（中心果直径0.8厘米左右）喷第一遍，盛花后25天喷第二遍。

喷施方法及注意事项等参见化学药剂疏花部分。

化学疏花疏果后，根据坐果情况和预期产量，进行人工定果。

（3）化学疏花＋疏果技术　在单独疏花效果不理想的情况下，可采用化学疏花＋化学疏果相结合的模式进行。各种化学疏花疏果制剂的喷施时期和适宜浓度与单独疏花或单独疏果时相同。

三、提高果实品质技术

（一）果实品质构成要素

近年来，随着国家对"三农"的重视，高效农业得到了快速发展，消费者对果品质量的要求越来越高，食品安全也越来越得到重视，无公害食品、绿色食品、有机食品的生产，是对广大消费者食用安全食品的有力保障。科学的评价果实品质，在无害化的基础上，集中体现在以下三个方面：

1. 外观品质　评价指标主要包括果实大小、果形、色泽、整齐度及果面洁净度等。北京市质量技术监督局 2008 年颁布了北京市鲜苹果标准，主要指标见表 7-1、7-2。

表 7-1　鲜苹果外观等级指标

等级	特级	一级	二级
基本要求	果实完整良好、新鲜洁净，无异味、不正常的外来水分、虫果及病害，充分发育，具有适于市场或贮存要求的成熟度		
果形	具有本品中应有的特性	允许果形有轻微缺点	果形有缺点，但仍保持本品种果实的基本特征，不得有畸形果
色泽	具有本品种成熟时应有的色泽，各主要品种的具体规定参照表 7-2		

（续）

等级		特级	一级	二级
果梗		果梗完整	允许果梗轻微损伤	允许损伤，但仍有果梗
果锈	褐色片锈	不允许	允许不超出梗洼的轻微锈斑	允许轻微超出梗洼或萼洼之外锈斑
	网状薄层	不允许	允许平滑网状薄层，总面积不超过果面的 1/10	允许轻度粗糙的网状果锈，总面积不超过果面的 20%
果面缺陷	刺伤（包括破皮划伤、破皮伤）	不允许	不允许	不允许
	碰压伤	不允许	不允许	允许轻微碰压伤，总面积不超过 0.5 厘米^2，其中最大处面积不得超过 0.3 厘米^2，伤处不得变褐，对果肉无明显伤害
	磨伤（枝磨、叶磨）	不允许	不允许	允许不影响果实外观的磨伤，面积不超过 1.0 厘米^2
	日灼	不允许	不允许	允许轻微发黄的日灼伤害，总面积不超 1.0 厘米^2
	药害	不允许	不允许	允许果皮浅层伤害，面积不超过 1.0 厘米^2
	雹伤	不允许	不允许	允许果皮愈合良好的轻微雹伤，面积不超过 0.8 厘米^2

（续）

等级		特级	一级	二级
果面缺陷	裂果	不允许	不允许	不允许
	裂纹	不允许	允许梗洼或萼洼内有微小裂纹	允许有不超出梗洼或萼洼的微小裂纹
	虫伤	不允许	允许不超过 2 处 0.1 厘米² 的虫伤	允许干枯虫伤，总面积不超过 0.6 厘米²
	其他小疵点	不允许	不允许超过 5 个	不允许超过 10 个

注 1. 只有果锈为其固有特征的品种才能有果锈缺陷。
　　2. 果面缺陷，一级不超过 2 项，二级不超过 3 项。

2. 鲜食品质　评价指标主要包括可溶性固形物含量、含酸量、硬度、脆度、香气物质含量、维生素 C 含量等。北京市质量技术监督局颁布的苹果标准中对可溶性固形物含量、硬度做了规定，详见表 7-2。

表 7-2　苹果主要品种果实品质的等级指标

品种	果实硬度 (牛/厘米²) ≥	特级			一级			二级		
		单果重 (克) ≥	可溶性固形物含量 (%) ≥	色泽 (着色面积 ≥)	单果重 (克) ≥	可溶性固形物含量 (%) ≥	色泽 (着色面积 ≥)	单果重 (克) ≥	可溶性固形物含量 (%) ≥	色泽 (着色面积 ≥)
嘎拉系	6.5	175	13.0	红色 (80%)	150	13.0	红色 (70%)	125	12.0	红色 (55%)
元帅系	6.5	300	12.5	红色 (95%)	250	12.5	红色 (85%)	200	11.5	红色 (70%)
乔纳金系	6.5	300	14.0	红色 (80%)	250	14.0	红色 (70%)	200	13.0	红色 (55%)

（续）

品种	果实硬度 (牛/厘米²)	特级			一级			二级		
		单果重 (克) ≥	可溶性固形物含量 (%) ≥	色泽 (着色面积) ≥	单果重 (克) ≥	可溶性固形物含量 (%) ≥	色泽 (着色面积) ≥	单果重 (克) ≥	可溶性固形物含量 (%) ≥	色泽 (着色面积) ≥
花冠	6.5	200	14.0	鲜红 (90%)	175	14.0	鲜红 (80%)	150	13.0	鲜红 (65%)
金冠系	6.5	225	13.5	绿黄	200	13.5	绿黄	175	12.5	绿黄
王林	6.5	250	14.0	绿黄	225	14.0	绿黄	200	13.0	绿黄
富士系	7.0	325	14.5	红色 (95%)	275	14.0	红色 (80%)	225	13.5	红色 (65%)
国光	7.0	175	14.5	红色 70%	150	14.5	红色 60%	125	13.5	红色 50%

注 1. 本表中未涉及的品种，可比照表中同类品种参照执行。

2. 提早采摘出口和用于长期贮藏的金冠系品种允许淡绿色，但不允许深绿色。

3. 贮藏加工品质 评价指标包括耐贮性、贮藏生理病害和加工特性。

（二）提高果实品质的农艺措施

1. 选择适宜的砧穗组合 品种、砧木及其砧穗组合的选择，是优质苹果生产最基本、最重要的一环。在生态条件和栽培技术体系相对一致的条件下，品种、砧木及其组合，对苹果品质的优劣具有长远、决定性的影响。

应选择适应当地立地条件、品质优良、具有市场前景的品种，具体品种详见品种介绍部分。在乔砧中，以楸子、山定子和八棱海棠作为砧木嫁接效果较好。应用矮化砧木能够显著提高苹果果实品质，据国家苹果产业技术体系专家研究，在陕西、山西、山东等地，矮化砧木 M9、M26、T337 均表现良好，在河北省中南部应用 SH40 作为矮化中间砧表现良好，辽宁 GM256 表现良好。苹果矮砧密植栽培中，以天红 2 号/SH40/八棱海棠砧穗组合在河北、山东，寒富/GM256/山定子组合在辽宁表现良好。

2. 土肥水管理　土肥水管理是苹果周年管理中的重要工作，对果实质量的影响非常明显。

（1）耕作制度　传统的土壤耕作制度（清耕）加速土壤养分的矿化流失，坡地果园也不利于拦蓄降雨，土壤水分变化急剧，水土流失严重，对果实发育不利。生草或覆盖，可以明显提高土壤中有机质的含量，尤其是钾的含量提高明显，可使果实含糖量、果实硬度、着色指数提高。覆盖还可减少地表土壤水分蒸发，是节水栽培的重要措施。

（2）肥水供应　有机肥具有改善土壤理化性状、增强树势、改善果实品质等作用，增施有机肥是提高苹果果实品质的一项重要技术措施。一般盛果期树每公顷有机肥施入量不少于 75 米³，或达到斤＊果斤肥或斤半肥，施用时期要求在秋季施入。

除注重施入有机肥外，还要注重平衡施肥。单纯施氮肥不但影响花芽形成，而且导致果实品质变劣，表现为着色差、风味淡和贮藏性降低。氮肥不足时，果个变小，影响产量。目前钾肥的施用越来越受重视，施入钾肥可以显著提高果实着色和可溶性固形物含量。氮、磷、钾配比，一般要求 2：1：2。此外，微量元素的缺乏或元素间比例失调，常造成果实缺素症状，严重影响果实品质，缺硼引起缩果病、木栓病，缺锌引起小叶病等。具体果

＊　斤为非法定计量单位，1 斤＝500 克。——编者注

园施肥方案应根据叶分析指标和树势而定。不同肥料施用时期也有差异，前期（春夏）施氮肥为主，中后期施磷、钾肥为主。花期前后应施硝态氮肥，有利于果实对钙的吸收，施用铵态氮肥，则易引起缺钙，易出现苦痘病、水心病等贮藏病害。

根据苹果各物候期生理特点，适时适量供水，是提高苹果果品质量的重要技术。春季干旱常造成发芽延迟、新梢短、叶片小而少，对后期果实膨大不利；花期干旱或多雨常引起落花，加重日灼病的发生；秋季长时间干旱后遇雨会造成枝条二次生长和果实裂果。灌水过量，也会引起落花落果，新梢旺长，使树冠内光照条件恶化，树体抗寒性降低，果实着色不良，风味变淡，贮藏性降低。

3. 整形修剪 通过整形修剪，调整树体结构，营造通风透光的整体环境和个体环境，调节营养的积累和分配，协调营养生长和生殖生长的关系，维持中庸健壮树势，培养良好的结果枝，为生产优质高档果品打好基础。

4. 花果管理 通过提高坐果率与疏花疏果，选择中心果、大果、下垂果，合理负载，选用苹果果实专用果袋套袋，再结合摘叶、转果、铺反光膜等措施，提高果实品质。

（1）套袋 苹果通过套袋可以增进果面光洁度、改善外观品质、防止病虫危害、降低农药残留、增加商品果率，还能避免枝叶摩擦，减轻雹灾和机械损伤果实，是实现果品安全生产最直接、最有效的途径和技术措施，也是当前生产优质高档和绿色苹果的重要措施之一。

①果袋类型。选用有注册商标的育果纸袋，着色品种可选用三层双色纸袋或双层双色纸袋，黄绿色品种可选择专用单层两色纸袋。

②套袋时间。6月上旬至下旬，即落花后 35～40 天。套袋过早，果实太小、果柄木质化程度不够、易损伤、果实发育缓慢、个头偏小。套袋过晚，果实太大、果面受病虫害及农药污染

大、果皮粗糙，套袋效果差。晴天时自早晨露水初干后至傍晚均可套袋，但中午气温高时不宜套袋，以免发生日灼，最好上午12时前和下午3时后套袋最安全；阴天时可全天进行套袋。

③选果。选果是决定套袋苹果商品率高低的主要因素之一。套袋必须做到"四套六不套"，即套果形端正的果、果顶向下的果、果面光滑且短枝有5片以上好叶的果、有单果台副梢或双果台副梢的果；不套偏形果和果顶向上的果、病虫果、损伤果、腋花芽果、短枝叶片小于4片的果、没有果台副梢的弱小枝果。

④喷药。在套袋前必须喷2～3次杀菌、杀虫剂，以保证果实免受病虫危害。杀虫剂可选用戊唑醇、吡虫啉、高氯甲维盐、灭幼脲、螺螨酯等；杀菌剂可选用甲基硫菌灵、福星、力贝佳、大生M-45、农抗120、果仙等，杀虫剂与杀菌剂交换使用。同时还应喷2～3次钙宝或氨基酸钙、CA2000果安宝等钙肥。一般套袋后果园全年可减少用药2～3次，选药以保叶为主，防治的关键时期仍需用优质、高效、低毒农药。

⑤套袋方法。套袋前一天，在室内地面上将袋口朝下堆放，使之吸潮软化，以利扎紧袋口。应严格按照套袋技术规范操作。要求：一是左手托袋，右手拨开袋口、半握拳撑鼓袋子（包括通气孔）；二是双手执在袋口下2～3厘米处，袋底朝上由上往下套，果梗置于纵切口基部，且幼果应悬于袋中；三是将袋口左右横向折叠，扎丝置于折叠后边；四是将叠后的袋口折向无纵切口的一侧，捏成V形夹紧，以避免害虫、雨水和药水进入袋内。操作过程中不能伤及果柄和幼果，不能将叶片和枝条套入袋内，以防造成伤害而落果。操作程序是：先冠上，后冠下；先内膛，后外围。

⑥套袋后管理。加强6月土壤追肥，以钾肥、有机肥为主的肥料和叶面喷肥，保墒和浇水；定期检查套袋果生长和病虫害情况，发现问题及时采取相应对策；重视保护叶片，选用杀虫、杀螨、杀菌剂；及时秋剪，拉捋开角缓势，疏密增光，减少营养消

耗；尽量不要环切（剥），以免影响果实生长发育和品质提高。

（2）摘袋　摘袋是苹果套袋技术中最后一个关键环节，决定套袋能否达到预期效果。

①摘袋时间。一般中熟红色品种在采收前 15～20 天，晚熟红色品种在采收前 20～25 天，不需要红果面时，可在采前 7～10 天摘袋。元帅系等中熟苹果在 8 月下旬至 9 月上旬摘袋，红富士苹果宜在 9 月下旬至 10 月 5 日前摘袋。此时夜间温度低，昼夜温差大，摘袋后可迅速着色。套袋的黄、绿色品种应在采收时带袋摘，或采前 5～7 天摘袋，减轻摘袋后果皮皱缩。摘袋最好选择阴天或多云天气进行，以避免摘袋后果实发生日烧，若高温晴天摘袋，可于上午 10 时以后果面的温度与大气的温度相近或略高时摘袋，不宜在早晨或傍晚摘袋，以防止摘袋后因小环境的变化而对果实产生不利影响。

②预防病害危害。摘袋前 1～2 天喷施一遍高效杀菌剂，防止病菌侵染摘袋后果实；除袋后红色斑点病及轮纹病易侵染果实，使果面发生 1～2 毫米的红褐色病斑，降低好果率。

③垫果。目的是防止摘袋后枝叶对果面的磨损，可利用已去除的废袋把果面靠近树枝的部位垫好，或应用涂有单面胶的软泡沫塑料，粘在靠近果面的枝条上。对易刺伤果面的枝条在摘袋前去除。

④摘袋方法。内袋为红色涂蜡的双层袋，应分 2 次摘袋，先摘除外袋，经过 3 个晴天后，再摘除内袋；内袋为黑色涂墨的双层袋，由于内外袋粘连，可一次性摘除。

（3）摘袋后的管理　抓好苹果果实摘袋后的管理工作，是实现苹果丰产、优质、高效的重要环节，应做好修剪、摘叶、转果、铺反光膜等方面的工作。

①修剪。摘袋前，9 月上旬（白露前后）开始进行秋季修剪，主要采用疏剪的方法，对内膛过密枝、大枝背上长条枝、徒长枝、树冠外围延长梢的杈头进行疏剪，以达到冠内通风透光，

促进摘袋后果实着色。

②摘叶。除袋后先摘除直接接触果面的"贴果叶"及距果实5厘米范围内的"遮光叶"，使60%的果获得直射光，确保着色面大且均匀。摘叶的总量控制在10%～15%，不能超过20%。摘叶忌在阳光曝晒的中午进行，以避免果实发生日烧，应选择阴天，或晴天下午3时以后进行摘叶。

③转果。用手掌托住果实轻轻转动，将阴面转向阳面，如转果后果实慢慢自动返回，使部分着色不理想，或还有少部分未着色，5～6天后再继续沿原方向转动果实，促使全面均匀着色。

④铺设反光膜。摘袋后及时铺设银色反光膜，方法是沿树行带状平铺于树冠下，反光膜边缘与树冠外缘投影下对齐，铺好后用砖块、木棒或小土袋压住膜缘，以免被风刮起。

5. 喷施营养液或生长调节剂 在盛花期喷50～100微升/升的赤霉素（GA4＋7）可使果形变长。在盛花期及花后2周内喷布细胞分裂素（BA），可使元帅系品种果形变长、果顶突出、五棱明显。

6. 适时采收 苹果果实品质的形成受到多种外界因素的影响。在果实接近成熟时，糖的转化、香气及果表花青素的形成发生剧烈变化。过早采收，很难生产出反映该品种固有的品质，造成减产。采收期过晚，中早熟品种品质下降，果实易发绵变质，晚熟品种影响树体营养的积累，有时会发生早霜冻害。适期采收是保证果品优质耐藏的重要环节。

7. 病虫防治 在生产中，病虫害的危害都会直接或间接影响到果实质量。枝干、叶片受到病虫危害，将破坏营养的运输、光合产物的形成，进而造成落花、落果或果实因营养不足而发育不良。果实受到病虫危害，将直接影响果实品质和商品价值。因此，病虫害的综合防治是提高果实品质的基础。

8. 人工着色 在苹果果实自然着色差时，可采用人工着色法：选择宽敞、通风、平坦处，铺上3厘米厚的细沙，摊平沙面。然后将采下的未着色苹果顶朝上、果柄向下、果实间稍留空隙，单层摆在沙上。每天早晨和傍晚用干净喷雾器向果面各喷一次清水，待太阳出来后（早晨7～8时）用蒲包或草苫遮严，避免强光照射。如发现日灼，可在太阳落前（下午4～5时）揭开，使果面晚上着露。在遮盖时，为了减少对果面的摩擦，可高出地面35厘米搭架，上面再盖蒲包或草苫。操作适当，一般经过5～7天，苹果着色程度基本达到要求。

第八章
果园病虫草害综合防治技术

苹果病、虫、草害综合防治在苹果整个生命周期以及周年管理中都具有重要的地位和作用。苹果病、虫、草害防治及时到位与否，不仅影响到树体生长，还对产量、果实品质及树体寿命有重要影响，同时，还关系到果品安全。因此，控制苹果重大病、虫、草害发生、发展、蔓延，确保果品安全健康，对苹果产业可持续发展起着保驾护航的作用。本章主要介绍苹果园常见及近年来发生的病、虫、草害的特征、发生规律及防治方法。

一、苹果主要病害

（一）苹果腐烂病

1. 症状 苹果腐烂病有溃疡、枝枯和表面溃疡病 3 种类型。溃疡型病斑多发生在骨干枝上，在早春树皮上出现红褐色、水渍状、微隆起、圆形至长圆形病斑，质地松软，易撕裂，手压凹陷，流出黄褐色汁液，有酒糟味，后干缩，边缘有裂缝，病皮长出小黑点。潮湿时小黑点喷出金黄色的卷须状物（孢子角）。枝枯型在春季 2~5 年生枝上出现病斑，边缘不清晰，不隆起，不呈水渍状，后失水干枯，密生小黑粒点。表面溃疡型在夏秋落皮层上出现稍带红褐色、稍湿润的小溃疡斑。边缘不整齐，一般

2～3厘米深，指甲大小至几十厘米，腐烂。后干缩呈饼状。晚秋以后形成溃疡斑。

2. 发病规律　以菌丝、分生孢子器和子囊壳在病皮内和病残株枝干上越冬。翌春，分生孢子器涌出孢子角，孢子角失水飞散出分生孢子。同时，成熟的子囊孢子也大量放出，病菌随风雨传播。病菌有无伤口不侵入和潜伏侵染特性。此病的侵入途径有机械伤、病虫伤、日灼、冻害和落皮层。侵入树体的病菌经过一段潜伏期后发病。此病几乎周年发病，一年四季，只要水分条件适宜就发生发展，病斑主要于4～5月和9～10月出现2个高峰。

3. 防治方法

（1）壮树　是防治此病的基础。要加强土肥水管理，施足有机肥，增施磷钾肥，避免偏施氮肥；控制负载量；合理修剪，克服大小年；清除病源；实行病疤桥接。冬季树干涂白或轮纹终结者，防止冻害发生。

（2）随见随治　是防治此病和病斑复发的有效方法。可在晚秋和早春刮治病疤，后多次涂药消毒，或用划道法治疗病疤。有效药剂有甲硫萘乙酸、9281或菌清（木美土里菌剂包泥）。划道法是将病部划成0.5厘米宽的纵道，再用药剂消毒，待药液干后再消毒1次。

（3）修剪防病　改冬剪为春剪、在阳光明媚的天气修剪；伤口保护涂抹甲硫萘乙酸愈合剂；修剪工具消毒。

（4）药剂预防　发芽前和落叶后对树干喷二氧化氯500倍液或45％代森铵水剂300倍液或树安康制剂100倍液。

（二）苹果轮纹病

轮纹病是苹果枝干和果实上的重要病害之一，常与干腐病、炭疽病等混合发生，为果品生产的重大威胁，近年有蔓延加重趋势。

1. 症状　枝干发病，以皮孔为中心形成暗褐色、水渍状或小溃疡斑，稍隆起呈疣状，圆形，后失水凹陷，边缘开裂翘起，扁圆形，直径达 1 厘米左右，青灰色，多个病斑密集，形成主干大枝树皮粗糙，故称"粗皮病"。斑上有稀疏小黑点。果实受害一般在 8 月份，果实含糖量 10％以上开始发病，初期以果点为中心出现浅褐色的圆形斑，后变褐扩大，呈深浅相间的同心轮纹状病斑，其外缘有明显的淡色水渍圈，病斑扩展引起果实腐烂。烂果有酸腐气味，有时渗出褐色黏液。轮纹病病斑呈褐色，凹陷不明显，表面病组织呈同心轮纹状，后期密生黑色小斑点（病菌分生孢子）；轮纹病病组织软腐，不苦，有酒精味；在果实近成熟期和贮藏期常发生。

2. 发病规律 病菌以菌丝体、分生孢子器在病组织内越冬，是初次侵染和连续侵染的主要菌源。于春季开始活动，随风雨传播到枝条上。在果实生长初期，因为有各种保护机制，病菌无法侵染。在果实膨大期之后，病菌均能侵入，其中从 7 月中旬到 8 月上旬侵染最多。侵染枝条的病菌，一般从 5 月开始从皮孔侵染，并逐步以皮孔为中心形成新病斑，翌年病斑继续扩大，形成病瘤，多个病瘤连成一片则表现为粗皮。在果园，树冠外围的果实及光照好的山坡地，发病早；树冠内膛果，光照不好的果园，果实发病相对较晚。气温高于 20℃，相对湿度高于 75％或连续降雨，雨量达 10 毫米以上时，有利于病菌繁殖和田间孢子大量散布及侵入，病害发生严重。山间窝风、空气湿度大、夜间易结露的果园，较坡地向阳、通风透光好的果园发病多；新建果园在病重老果园的下风向，离得越近，发病越多。果园管理差，树势衰弱，重黏壤土和红黏土，偏酸性土壤上的植株易发病，被害虫严重危害的枝干或果实发病重。

3. 防治方法

（1）壮树、清菌源 一是加强栽培管理，提高树势抗病；二是及时清除病死枝干和死树，开春刮掉病粗皮，集中烧毁，铲除越冬菌源。

（2）涂药保护　越冬前或开春树干涂轮纹病终结者或愈合剂，防侵染及病菌扩散，促进健皮生长。

（3）果实套袋　落花后45天左右开始套袋，套袋前喷一遍杀菌剂，药液干后即可套袋，在杀菌剂有效期内套袋完成。红色品种采收前1周解袋即可。

（4）适时喷药　苹果谢花后10天开始喷药，每隔10～15天喷药1次，根据降雨情况，连续喷5～8次，到9月上旬结束。药剂交替使用：1：2～3：200波尔多液、甲基硫菌灵、苯醚甲环唑、代森锰锌、多菌灵、氟硅唑、戊唑醇、吡唑醚菌酯等。

（三）苹果白粉病

1. 症状　主要危害嫩枝、叶片、新梢，也危害花及幼果。病部满布白粉是此病的主要特征。幼苗被害，叶片及嫩茎上产生灰白色斑块，发病严重时叶片萎缩、卷曲、变褐、枯死，后期病部长出密集的小黑点。大树被害，芽干瘪尖瘦，春季发芽晚，节间短，病叶狭长，质硬而脆，叶缘上卷，直立不伸展，新梢满覆白粉。生长期健叶被害则凹凸不平，叶绿素浓淡不匀，病叶皱缩扭曲，甚至枯死。

2. 发病规律　苹果白粉病以菌丝在冬芽鳞片间或鳞片内越冬。翌年发芽时，越冬菌丝产生分生孢子，此孢子靠气流传播，直接侵入新梢。病害侵入嫩芽、嫩叶和幼果主要在花后1个月内，因此5月为发病盛期，通常受害最重的是病芽抽出新梢。生长季中病菌陆续传播侵害叶片和新梢，病梢上产生有性世代，子囊壳放出子囊孢子发生再侵染。秋季病梢上的孢子侵入秋梢嫩芽，形成二次发病高峰。10月以后很少侵染。春暖干旱的年份有利于病害前期流行。

3. 防治方法

（1）精细修剪　彻底剪除病芽，春、夏季仔细检查，发现病梢（枝）及时剪除，病梢（枝）要集中烧毁或深埋。

（2）合理密植 确定适宜定植株行距和树形结构，改善通风透光条件，控制氮肥施用量，注意氮、磷、钾配合，增施磷、钾肥。

（3）药剂防治 苹果树发芽前喷 3～5 波美度石硫合剂，在苹果开花前和落花 70％时各喷 1 次 43％戊唑醇 2 000～2 500 倍液有很好防效。

（四）苹果霉心病

苹果霉心病又名心腐病，全国各苹果产区均有发生。有些品种发病率很高，如北斗、斗南、元帅系、红冠，受害严重的发病率可达 80％。该病在贮藏期还能继续扩展发病，并引起全果腐烂，不堪食用。

1. 症状 主要危害果实，引起果心腐烂，有的提早脱落，病果外观常表现正常，偶尔发黄、果形不正或着色较早，个别的重病果实较小，明显畸形，从果梗和萼洼处有腐烂痕迹。病果明显变轻。由于多数病果外观不表现明显症状，因此，不易被发现。剖开病果，可见心室坏死变褐，逐渐向外扩展腐烂。果心充满粉红色霉状物，也有的为灰绿色、黑褐色或白色霉状物，或同时出现颜色各异的霉状物。病菌突破心室壁扩展到心室外，引起果肉腐烂。苹果霉心病是由霉心和心腐 2 种症状构成，其中霉心症状为果心发霉，但果肉不腐烂；心腐症状不仅果心发霉，而且果肉也由里向外腐烂。在贮藏期，当果心腐烂发展严重时，果实外部可见水渍状、形状不规则的湿腐状褐色斑块，斑块彼此相连成片，最后全果腐烂。

2. 发病规律 霉心病菌大多是弱寄生菌，在苹果枝干、芽体等多个部位存活，也可在树体上及土壤等处的病僵果或坏死组织上存活，病菌来源十分广泛。第二年春季开始传播侵染，病菌随着花朵开放，先在花柱上定植，然后随果实发育通过萼筒至心室开口进入果心，引起心室霉变或果心腐烂。

3. 防治方法

(1) 选用抗病品种　如果生产上允许，可因地制宜地种植抗病苹果品种。

(2) 加强栽培管理，注意果园卫生　合理修剪，改善树冠内的通风透光条件，降低果园空气湿度；配方施肥，增施有机肥，提高树势；生长季节随时清除病果，秋末冬初彻底清除病果、僵果和病枯枝，集中烧毁。

(3) 药剂防治　在苹果萌芽之前，结合其他病害的防治铲除树体上越冬的病菌。在开花前喷 1 次杀菌剂可选择 10％苯醚甲环唑、3％多抗霉素、80％美生等药剂。在谢花期 50％时，喷 1 次 3％多抗霉素 600 倍液或 70％甲硫菌灵 1 000 倍液。

(五) 苹果锈果病

1. 症状　主要表现在果实上，可分为：

(1) 花脸型　病果着色前无明显变化，着色后呈现红绿相间状态；成熟后呈现红、黄相间的花脸型，着色部分突起，病斑部分凹陷，果实较小，风味变劣。

(2) 锈果型　发病初期果实顶部产生淡绿色条斑，逐渐沿果纵向扩展，形成 5 条铁锈色坏死条斑；轻病果条纹不明显；重病果在锈纹处开裂。

(3) 混合型　复合上述两种类型特征。

2. 发病规律　嫁接、健树根部接触传染。嫁接接种的潜育期为 3～27 个月，一旦发病，逐年加重，是全株永久性病害。

3. 防治方法

(1) 严格选用无病接穗和砧木　从经检测不带病毒的母本树上采取接穗，嫁接在脱毒砧木苗上繁殖无毒苗用于建园。

(2) 及时销毁病树病苗　在果园、苗圃中经常检查，发现病树、病苗应及时刨除销毁。

(3) 检疫　严格检疫监督。

（4）药物治疗　①初夏时在病树主干进行半环剥，在环剥处包上蘸过 0.015%～0.03%浓度的土霉素、四环霉素或链霉素的脱脂棉，外用塑料薄膜包裹。②喷雾法，用代森锌 500 倍液或硼砂 200 倍液或氯溴异氰尿酸 1 000 倍液，喷于果面，7 月上中旬起每周 1 次，共喷 3 次，对防治此病有一定的效果。

（5）改接品种　如金冠、乔纳金、信浓黄等，这些品种抗病毒能力强，果实不再表现症状。

（6）增强树势，提高树体抗病能力　结合施基肥、追肥，在肥料里掺入木美土里生物菌肥，盛果期树每株施 10 千克，连续 5 年，能起到减轻症状的作用。

（六）苹果炭疽病

1. 症状　主要危害果实，也可侵染枝干和果台。自病斑中心剖开果实，可见果肉自果面向果心变褐腐烂，病组织带有苦味。病斑边缘紫红色或黑褐色，中央凹陷，斑上黑色小点稀疏，不呈同心轮纹状排列，其下果肉局部坏死。

2. 发病规律　以菌丝在被害枝干、果台和病僵果上越冬。翌春温度适宜时，产生分生孢子。分生孢子传播主要靠雨水飞溅，也借风和昆虫传播。因病果和树上的病枯枝是初侵染源。幼果前期抗扩展，不抗侵染；而后期则相反。此病有潜伏侵染特性，故田间发病较晚。1 年内有反复多次再侵染。

3. 防治方法

（1）强壮树势　增施有机肥，合理负载，强壮树势为根本途径。

（2）冬季清园清除病弱枝　结合冬剪清除小僵果、病枯枝、死果台及衰弱枝集中深埋或烧毁。

（3）药剂防治　从落花后 10 天开始，每隔 10～15 天喷 1 次药，到 8 月中下旬结束。多雨年份可适当增加防治次数。常用的药剂同轮纹病。

（七）苹果苦痘病

又称苦陷病，是在苹果成熟期和贮藏期常发生的一种生理病害。

1. 症状 病果皮下果肉变褐干缩成海绵状，逐渐在果面上出现圆形稍凹陷的变色斑，病斑在黄色或绿色品种上为暗绿色，在红色品种上为暗红色。后期病部果肉干缩，表皮坏死，显现出凹陷的褐斑，病部食之有苦味。

2. 发病规律 主要是因为树体生理性缺钙引起的，修剪过重，偏施、晚施氮肥，树体过旺及肥水不良的果园发病重。果实生长期降水量大、浇水过多，都易加重病害发生，特别是套袋苹果，因套袋减少了蒸腾拉力，易引起缺钙。

3. 防治方法 应多施有机肥，防止偏施氮肥，注意雨季及时排水，合理灌水。果实套袋前喷施氨基酸钙600倍液3～4次，缺钙严重果园解袋后再喷1次。

（八）苹果褐斑病

1. 症状 叶上初期病斑为褐色小点，后发展成3种类型的病斑，即同心轮纹型、针芒型和混合型。此病的症状特点是病斑不规则，边缘不清晰，周缘有绿色晕，症状由黑色小粒点或黑色菌索构成同心轮纹或针芒。同心轮纹型和混合型病斑叶背呈棕褐色。

2. 发病规律 以分生孢子盘和菌丝在病叶上越冬。春季分生孢子盘产生分生孢子，通过风雨飞溅侵染叶片。雨水是病害流行的主要条件。病菌潜育期6～14天后发病，新病部产生的分生孢子借风雨进行再侵染。

3. 防治方法

（1）壮树灭菌 加强土肥水管理、改善光照、及时排涝以及彻底将落叶清除出园并深埋，减少菌源是防治此病的根本途径。

（2）药剂防治　5月中下旬，只要下一场5毫米的雨，就开始用药。雨后是药剂防治的关键期，可选用68.75%杜邦易保水分散剂1 000倍液，或80%代森锰锌800倍液，或35%戊唑醇3 000倍液，或10%苯醚甲环唑微乳剂2 000倍液、波尔多液、苦参碱等。

（九）苹果斑点落叶病

1. 症状　主要危害叶片，也危害枝条和果实。发病初期，叶片上出现褐色或深褐色小斑点，周围有紫红色晕圈，边缘清晰。随气温上升病斑扩展成5毫米左右的斑点，天气潮湿时病斑上长出黑色霉层。幼叶被害，有时叶片呈畸形，危害严重时，被害叶干枯，提早脱落。果实被害，果面上产生近似叶片上的斑点。枝条被害，也产生褐色微凹陷的病斑，病斑周围常产生裂纹。

2. 发病规律　以菌丝体在被害叶和枝条上越冬。翌年春季产生分生孢子器，放出分生孢子。分生孢子随气流传播，侵染春梢嫩叶。一般果园在花后即可出现病叶，在后半月病叶增多。春雨早而多，夏季有连阴雨，病害发生早且重，7月上中旬即有落叶。田间在病斑出现后20天即开始产生分生孢子，可再侵染。此病易侵染35天内的嫩叶，尤其是20天内的新叶。病原菌的潜育期很短，只有数小时。8月高温多雨，新梢叶片发病严重，造成大量落叶。9月下旬病害停止发展。

3. 防治方法

（1）清园　秋季扫除落叶，剪病枝，集中烧毁。

（2）化学防治　化学防治重点保护春梢，压低后期菌源。从花后开始连续喷50%扑海因可湿性粉剂1 000倍液，或80%代森锰锌可湿性粉800倍液，或10%多氧霉素1 000倍液，或35%戊唑醇2 500倍液（苦参碱、多菌灵、铜制剂无效）。

（十）苹果炭疽叶枯病

1. 症状 苹果叶枯病初期症状为黑色坏死病斑，病斑边缘模糊。在高温高湿条件下，病斑扩展迅速，1～2天内可蔓延至整张叶片，使整张叶片变黑坏死。发病叶片失水后呈焦枯状，随后脱落。当环境条件不适宜时，病斑停止扩展，在叶片上形成大小不等的枯死斑，病斑周围的健康组织随后变黄，病重叶片很快脱落。当病斑较小、较多时，病叶的症状酷似于褐斑病的症状。

2. 发病规律 苹果炭疽病菌以菌丝体在病僵果、干枝、果台和有虫害的枝上越冬，5月条件适宜时产生分生孢子，成为初侵染源。病原孢子借雨水和昆虫传播，经皮孔或伤口侵入叶片、果实，可多次侵染，潜育期一般7天以上。分生孢子萌发最适温28～32℃；菌丝生长最适温28℃。苹果炭疽叶枯病最早于7月份开始发病，发病高峰主要出现在7～8月连续阴雨期。不同苹果品种抗性不同，如富士苹果高抗，信浓红、乔纳金、金冠、中秋王、松本锦等苹果品种易感病。

3. 防治方法

（1）彻底清理果园 清扫残枝落叶、刮除枝干病原销毁。生长季喷施功能性液肥，强壮树势，提高树体抗病能力。

（2）药剂防治 大量落叶的果园，越冬前喷施1次100倍的硫酸铜液＋沃叶1 000倍液；翌年萌芽前，再喷施1次150倍的硫酸铜液＋沃叶1 000倍液。生长季6月中旬左右，交替喷施波尔多液和代森类（80%全络合态代森锰锌）＋沃叶1 000倍液，或者选用80%丙森锌600倍液以及咪鲜胺＋多抗霉素，炭疽福美、炭特灵等防治该类病菌药剂配合沃叶1 000倍液使用。每10～15天喷1次，保证每次出现超过2天的连续阴雨前，叶面和枝条都处于药剂的保护中。

（十一）苹果疫腐病

1. 症状 苗木或成树根颈部染病，皮层出现暗褐色腐烂，多不规则，严重的烂至木质部，致病部以上枝条发育变缓，叶色淡，叶小，秋后叶片提前变红紫色，落叶早，当病斑绕树干一周时，全树叶片凋萎或干枯。叶片染病，初呈水渍状，后形成灰色或暗褐色不规则形病斑，湿度大时，全叶腐烂。果实染病，果面形成不规则、深浅不匀的褐斑，边缘不清晰，呈水渍状，致果皮果肉分离，果肉褐变或腐烂，湿度大时病部生有白色棉毛状菌丝体，病果初呈皮球状，有弹性，后失水干缩或脱落。

2. 发病规律 主要以卵孢子、厚垣孢子及菌丝随病组织在土壤中越冬。翌年遇有降雨或灌溉时，形成游动孢子囊，产生游动孢子，随雨滴或流水传播蔓延，果实在整个生育期均可染病，每次降雨后，都会出现侵染和发病小高峰，因此，雨多、降水量大的年份发病早且重。

3. 防治方法

（1）清园 及时清理落地果实并摘除树上病果、病叶集中处理；病菌以雨水飞溅为主要传播方式，适当采取提高结果部位和地面铺草等方法，可避免侵染减轻危害。

（2）改善果园生态环境 排除积水，降低湿度，树冠通风透光可有力地控制病害；可采取预防为主和手术治疗相结合的方法；根颈部发病还未环割的植株，可在春季扒土晾晒，刮去腐烂变色部分，并用愈合剂消毒伤口，刮下的病组织烧毁，更换无病新土。另外，防止串灌，翻耕和除草时注意不要碰伤根颈部。必要时进行桥接，可提早恢复树势，增强树木的抗病性。

（3）药剂防治 发病初期根颈基部浇灌 85％疫霜灵 300 倍液或硫酸铜 200 倍液，每株灌药 10～50 千克不等，视树棵大小而定，灌药 2～3 次，间隔 10 天。

（十二）苹果黑点病

1. 症状 苹果黑点病主要发生在苹果果实的萼洼处，初期产生针尖大小的黑点，后期扩展为直径 1～5 毫米的圆形或近圆形凹陷斑，病斑上有白色粉状物。病斑一般只发生在果实表皮，不引起果肉腐烂。

2. 发病规律 苹果黑点病源主要是粉红聚端孢菌。发生在雨季高峰期，连阴天气、地势低洼、树冠郁闭、树势较旺、施氮肥多的果园发病重。黑点病的致病菌为弱寄生菌，一般不侵染果面，特别是套袋果处在湿度大、透气差、温度高的条件下，易引起病菌侵染发病。

3. 防治方法

（1）提高抗逆性 通过合理配方增施肥料、及时浇水、保好叶片等强化管理，复壮树势，提高抗病害能力。

（2）药剂防治 防治苹果黑点病，套袋前正确用药最关键。选用多抗霉素、农抗 120 菌立灭等，在花后和套袋前连喷 2～3 次。甲基硫菌灵、波尔多液和其他含铜离子的杀菌剂等，对黑点病无效。杀菌剂的有效期一般 10 天左右，套袋前喷药间隔期不要超过 10 天。

（3）选好袋正确套袋 好的纸袋要具备通透性、疏水性、遮光性、耐雨性。套袋要在所喷药液干后 2 小时以上再套袋，有露水时不套袋，套好的果实在袋中悬空，袋底的两端气孔打开。

（十三）苹果小叶病

1. 症状 通常发生在树冠顶端的一年生枝条，病树呈点片或成行分布，春季发芽晚于健树。展叶后，顶梢叶片小、簇生，枝中下部光秃，叶片边缘上卷、脆硬，呈柳叶状，有的叶脉绿色，但脉间黄色，新梢节间短，春季症状明显，2～3 个月后病枝易枯死。病枝下部另发新梢，新梢上叶片起初正常，后渐变小或着色不均，严重时老病树几乎全是小叶，树冠空膛，产量很低。花少而小，果小畸形。

2. 发病条件

①当果园施有机肥少，沙质土壤或碱性土，锌素供应不足时，果树生长素和酶系统的活动受阻，造成叶片黄化，出现小叶、簇叶现象。

②施肥断根太多影响营养吸收。

③施入磷肥过量，影响锌元素吸收。

④修剪过重造成伤疤过多。

⑤除草剂应用不当造成死根。

⑥腐烂病、粗皮病严重树易得小叶病。

3. 防治方法

（1）增施有机肥，改良土壤　特别是沙地、盐碱地及瘠薄山地果园更要增施有机肥，这是防治小叶病的根本措施，同时要注意氮、磷、钾的配比和微量元素的施入。

（2）芽膨大期喷锌　上年有小叶病的果园，在芽膨大期及时喷3％～5％硫酸锌＋1％～2％尿素混合液。尿素可促进锌素吸收。

（3）根施锌肥　苹果树发芽前，树下挖放射沟，追施硫酸锌，根据树冠大小灵活掌握用量，一般株施90％硫酸锌1～1.5千克即可。

（4）合理修剪　在果树冬剪时避免造成过多伤口，影响营养运输，并注意伤口保护。

（十四）苹果黄叶病

1. 症状　苹果黄叶病又名黄化病或缺铁失绿病。主要表现在新梢的幼嫩叶片上，开始叶肉先变黄，叶脉保持绿色，呈绿色网纹状，随病势发展，叶片失绿程度加重，出现整叶变为白色，叶缘枯焦，引起落叶，严重缺铁时，新梢顶端枯死。

2. 发病条件

①盐碱土或石灰质过多的土壤容易发生黄叶病，特别是碱性土壤水分过多时发病严重。

②果树生长旺盛，遇持续干旱，土壤含盐量过高，发病严重。

③地下水位高，低洼地及重黏土质的果园容易发病。

3. 防治方法

（1）增施有机铁肥　在秋施基肥时施用，亦可在果树萌芽前施用，将硫酸亚铁与有机肥料按 1∶15 比例混匀制成有机铁肥施入土壤。施用方法及用量先沿树冠外围挖环状沟，沟深 50 厘米、宽 60 厘米，然后将拌好的有机铁肥均匀施入沟内，覆土后即行浇水。一般 10 年以上的大树每株施 80～100 千克，10 年以下的幼树每株施 30～50 千克。

（2）改良土壤　释放被固定的铁元素，是防治黄叶病的根本性措施。如挖沟排水、降低地下水位、增施有机肥、种植绿肥等改土治碱的措施，可改变土壤的理化性质，释放被固定的铁。

（3）补充铁肥　为挽救病树，可用各种方法补充可溶性铁，如发芽前或生长期树冠喷施螯合铁或 0.3%～0.5%的硫酸亚铁溶液，或在土壤中施螯合铁（乙二胺四乙酸合铁），治疗效果明显。

二、苹果主要虫害

（一）二斑叶螨

别称二点叶螨、叶锈螨、棉红蜘蛛、普通叶螨。

1. 形态特征

（1）成螨　雌成螨体长 0.42～0.59 毫米，椭圆形，体背有刚毛26根，排成6横排。体背两侧各具1块黑色长斑，滞育型体呈淡红色，体侧无斑。与朱砂叶螨的最大区别为在生长季节无红色个体。雄成螨体长 0.26 毫米，近卵圆形，前端近圆形，腹末较尖，多呈绿色。与朱砂叶螨难以区分。

（2）卵　球形，长 0.13 毫米，光滑，初产为乳白色，渐变橙黄色，将孵化时现出红色眼点。

（3）幼螨　初孵时近圆形，体长 0.15 毫米，白色，取食后变暗绿色，眼红色，足 3 对。

（4）若螨　前若螨体长 0.21 毫米，近卵圆形，足 4 对，色变深，体背出现色斑。后若螨体长 0.36 毫米，与成螨相似。

2. 危害特点　二斑叶螨主要寄生在叶片的背面取食，受害叶片先从近叶柄的主脉两侧出现苍白色斑点，随着危害的加重，可使叶片变成灰白色及至暗褐色，严重者叶片焦枯以至提早脱落。

3. 发生规律　一年发生 7～9 代，以雌虫在土缝、枯枝落叶下、树干翘皮内及宿根性杂草的根际处吐丝结网潜伏越冬。春天出蛰先在树下取食、繁殖，然后再上树危害。6～8 月猖獗，下雨后虫口密度迅速下降，10 月陆续越冬。

4. 防治方法

（1）清园　清除果园里的枯枝落叶和杂草，集中深埋或烧毁，消灭越冬雌成螨；春季及时中耕除草，特别要清除阔叶杂草，及时剪除根蘖，消灭其上的二斑叶螨。

（2）药剂防治　在平均气温 10℃以上时，越冬雌成螨出蛰，此时树上喷 50％硫悬浮剂 200 倍液或 1 波美度石硫合剂，消灭在树上活动的越冬成螨。在夏季，要抓住害螨从树冠内膛向外围扩散初期的防治。注意选用选择性杀螨剂。常用药剂有 20％三唑锡悬浮剂 1 500 倍液，或 10％浏阳霉素乳油 1 000 倍液等。

（二）苹果全爪螨

别称苹果红蜘蛛。

1. 形态特征

（1）成螨　雌成螨体长约 0.45 毫米，宽 0.29 毫米左右。体圆形，红色，取食后变为深红色。背部显著隆起，背毛 26 根，粗壮，向后延伸。足 4 对，黄白色。雄螨体长 0.30 毫米左右。初蜕皮时为浅橘红色，取食后呈深橘红色。

（2）卵　葱头形。顶部中央具一短柄。夏卵橘红色，冬卵深红色。

（3）幼螨　足 3 对。由越冬卵孵化出的第一代幼螨呈淡橘红色，取食局呈暗红色；夏卵孵出的幼螨初孵时为黄色，后变为橘红色或深绿色。

（4）若螨　足 4 对。有前期若螨与后期若螨之分。前期若螨体色较幼螨深；后期若螨体背毛较为明显，体形似成螨，已可分辨出雌雄。

2. 危害特点　以成螨在叶片上危害，叶片受害后初期呈现失绿小斑点，逐渐全叶失绿，严重时叶片黄绿、脆硬，全树叶片苍白或灰白，一般不易落叶，严重时使刚萌发的嫩芽枯死。一般不吐丝结网，只在营养条件差时雌成螨才吐丝下垂，借风扩大蔓延。

3. 发生规律　一年发生 6～10 代。以滞育卵（冬卵）在 2～4 年的枝条分杈、伤疤等背阴面越冬，似红漆。翌年 4～5 月卵孵化，孵化时间较集中，这是药剂防治的关键适期。6～7 月是全年发生危害的高峰，世代重叠严重。8 月中下旬出现滞育卵，10 月上旬是压低越冬卵基数的防治适期。

4. 防治方法

（1）春季防治　越冬卵量大时，果树发芽前喷施 95％机油乳剂 500 倍液消灭越冬卵。

（2）生长季防治　全年有 3 个防治适期：①4 月下旬为越冬卵盛孵期，此时为幼、若螨态，其抗药性差，是药剂防治的最有效时期，苹果正处花序分离期。②5 月中旬为第一代夏卵孵化末期，即苹果终花后 1 周，幼、若螨发生整齐，防治效果最佳。③8月底至 9 月初为第六代幼、若螨发生期，是压低越冬代基数的关键时期。

可选用下列药剂防治：45％晶体石硫合剂 20～30 倍液，或 3％苦参碱水剂 200～500 倍液，或 5％唑螨酯悬浮剂 2 000～2 500倍液，或 16％四螨嗪・哒螨灵可湿性粉剂 1 600～2 000 倍液，或 73％炔螨特乳油 2 000～3 000 倍液，或 24％螺螨酯悬浮剂 4 000 倍液等。

（三）山楂叶螨

别称山楂红蜘蛛。

1. 形态特征

（1）成螨　雌成螨卵圆形，体长 0.54～0.59 毫米，冬型鲜红色，夏型暗红色。雄成螨体长 0.35～0.45 毫米，体末端尖削，橙黄色。

（2）卵　圆球形，春季产卵呈橙黄色，夏季产的卵呈黄白色。

（3）幼螨　3 对足。初孵幼螨体圆形、黄白色，取食后为淡绿色。

（4）若螨　4 对足。前期若螨体背开始出现刚毛，两侧有明显墨绿色斑，后期若螨体较大，体形似成螨。

2. 危害特点　危害初期叶部症状表现为局部褪绿斑点，后逐步扩大成褪绿斑块，危害严重时，整张叶片发黄、干枯，造成大量落叶、落花和落果。

3. 发生规律　北方地区一年发生 6～10 代，以受精雌成螨在主干、主枝和侧枝的翘皮、裂缝、根颈周围土缝、落叶及杂草根部越冬，第二年苹果花芽膨大时开始出蛰危害，花序分离期为出蛰盛期。出蛰后一般多集中于树冠内膛局部危害，以后逐渐向外膛扩散，常群集叶背危害，有吐丝拉网习性。9～10 月开始出现受精雌成螨越冬。高温干旱条件下发生并危害重。

4. 防治方法

（1）物理防治　萌芽前刮除翘皮、粗皮，并集中烧毁，消灭大量越冬虫源。

（2）出蛰期喷药　20%阿维哒螨灵2 000倍液。

（3）生长期喷药　选用药剂如25%三唑锡可湿性粉剂1 000～1 500倍液；73%炔螨特乳油2 000～3 000倍液；24%螺螨酯悬浮剂4 000～6 000倍液；40%阿维菌素·炔螨特乳油2 000～2 500倍液等。

（四）苹果小卷蛾

别称苹卷蛾、黄小卷叶蛾、溜皮虫。

1. 形态特征

（1）成虫　体长6～8毫米，体黄褐色。前翅的前缘向后缘和外缘角有两条浓褐色斜纹，其中一条自前缘向后缘达到翅中央部分时明显加宽。前翅后缘肩角处，及前缘近顶角处各有一小的褐色纹。

（2）卵　扁平椭圆形，淡黄色半透明，数十粒排成鱼鳞状卵块。

（3）幼虫　身体细长，头较小呈淡黄色。1～2龄幼虫黄绿色，3龄以上幼虫翠绿色。

（4）蛹　黄褐色，腹部背面每节有刺突两排，下面一排小而密，尾端有8根钩状刺毛。

2. 危害特点　幼虫危害果树的芽、叶、花和果实。1～2龄幼虫常将嫩叶边缘卷曲，并吐丝缀合数叶。3龄以上幼虫将2～3张叶片缠在一起，卷成饺子状虫苞，并取食叶片成缺刻或网状。将叶片缀贴果上，啃食果皮，受害果实上被啃食出形状不规则的小坑洼。

3. 发生规律　该虫一年发生3～4代，以2～3龄幼虫在剪锯口、枝干翘皮缝内结茧越冬。翌年春季苹果花开绽时，开始出蛰，爬至芽及嫩叶上取食危害。黄河故道地区 4 月上旬为出蛰危害盛期，4 月下旬化蛹，4 月底至 5 月初越冬代成虫羽化，5 月上中旬为羽化盛期。5 月下旬为 1 代幼虫孵化盛期，危害盛期在 6 月上旬；2 代幼虫危害盛期为 7 月上旬；第三代幼虫危害盛期为 8 月上旬。8 月下旬至 9 月初为第四代幼虫孵化盛期，2～3 龄幼虫于 9 月下旬转移到剪锯口、翘皮裂缝处越冬。

4. 防治方法

（1）消灭越冬幼虫　在果树休眠季节刮除剪锯口、老翘皮、粗皮，集中烧毁，或在苹果发芽前，用 80% 敌敌畏 100 倍液封闭剪锯口，消灭越冬幼虫。

（2）摘除虫苞　于幼虫发生危害期间，人工摘除虫苞或将虫掐死。

（3）诱杀成虫　于成虫发生期间，在果园内挂性诱芯或糖醋液盆，诱杀成虫。

（4）药剂防治　在越冬幼虫出蛰期和各代幼虫孵化盛期进行药剂防治。可选用 2.2% 甲维盐乳油 4 000 倍液喷施，此药防治卷叶蛾特效。

（五）金纹细蛾

1. 形态特征

（1）成虫　体长约 2.5 毫米，体金黄色。前翅狭长，黄褐色，翅端前缘及后缘各有 3 条白色和褐色相间的放射状条纹。后翅尖细，有长缘毛。

（2）卵　扁椭圆形，长约 0.3 毫米，乳白色。

（3）幼虫　老熟幼虫体长约 6 毫米，扁纺锤形，黄色，腹足 3 对。

（4）蛹　体长约 4 毫米，黄褐色。

2. 危害特点　金纹细蛾幼虫从叶背潜食叶肉，形成椭圆形的虫斑，叶背表皮皱缩，叶片向背面弯折。叶片正面呈现黄绿色网眼状虫斑，俗称"开纱窗"，内有黑色虫粪。虫斑常发生在叶片边缘，严重时布满整个叶片。

3. 发生规律 一年发生 4～5 代，以蛹在被害的落叶内过冬。第二年苹果发芽开绽期为越冬代成虫羽化盛期，卵多产在幼嫩叶片背面绒毛下，卵单粒散产，卵期 7～10 天，多则 11～13 天。幼虫孵化后从卵底直接钻入叶片中，潜食叶肉，致使叶背被害部位仅剩下表皮，被害部内有黑色粪便。老熟后，就在虫斑内化蛹，成虫羽化时，蛹壳一半露在表皮之外，极易识别。8 月是全年中危害最严重的时期，如果一片叶有 10～12 个斑时，此叶不久必落。

各代成虫发生盛期如下：越冬代 4 月中下旬；第一代 6 月上中旬；第二代 7 月中旬；第三代 8 月中旬；第四代 9 月下旬。金纹细蛾的发生与品种和树体小气候密切相关。短枝金冠、红星、青香蕉和金冠品种对金纹细蛾表现出高抗，而新红星、富士和国光表现为高感。

4. 防治方法

（1）人工防治 果树落叶后清除落叶，集中烧毁，消灭越冬蛹。

（2）药剂防治 防治的关键时期是各代成虫发生盛期。其中在第一代成虫盛发期喷药，防治效果优于后期防治。常用药剂有 20%氰戊菊酯 2 000 倍液，或 2.5%溴氰菊酯 2 000～3 000 倍液。另外，25%的灭幼脲 3 号胶悬剂 1 000 倍液，或 25%杀铃脲 6 000倍液也有很好的防治效果。

（六）苹果瘤蚜

1. 形态特征

（1）无翅胎生雌蚜 体长 1.4～1.6 毫米，近纺锤形，体暗绿色或褐色，头漆黑色，复眼暗红色，具有明显的额瘤。

（2）有翅胎生雌蚜　体长 1.5 毫米左右。头、胸部暗褐色，具明显的额瘤，且生有 2～3 根黑毛。

（3）若虫　似无翅蚜，体淡绿色。其中有的个体胸背上具有 1 对暗色的翅芽，此型称翅基蚜，日后则发育成有翅蚜。

（4）卵　圆形，黑绿色而有光泽，长径约 0.5 毫米。

2. 危害特点　成、若蚜群集叶片、嫩芽吸食汁液，受害叶边缘向背面纵卷成条筒状。通常仅危害局部新梢，被害叶由两侧向背面纵卷，有时卷成绳状，叶片皱缩，瘤蚜在卷叶内危害，叶外表看不到瘤蚜，被害叶逐渐干枯。

3. 发生规律　一年发生 10 多代，以卵在一年生枝条芽缝、剪锯口等处越冬。翌年 4 月上旬，越冬卵孵化，自春季至秋季均孤雌生殖，发生危害盛期在 6 月中下旬。10～11 月出现有性蚜，交尾后产卵，以卵态越冬。

4. 防治方法

①结合春季修剪，剪除被害枝梢，杀灭越冬卵。

②重点抓好蚜虫越冬卵孵化期的防治。当孵化率达 80% 时，可喷施下列药剂：10% 氟啶虫酰胺水分散粒剂 2 500～5 000 倍液，或 25% 氰戊菊酯·辛硫磷乳油 1 000～2 000 倍液，或 5% 高效氯氰菊酯·吡虫啉乳油 2 000～3 000 倍液，或 20% 啶虫脒辛硫磷乳油 1 500～2 000 倍液，或 4% 阿维菌素·啶虫脒乳油 4 000～5 000 倍液。

（七）苹果黄蚜

1. 形态特征

（1）有翅胎生雌蚜　头、胸部和腹管、尾片均为黑色，腹部呈黄绿色或绿色，两侧有黑斑。

（2）无翅胎生雌蚜　体长 1.4～1.8 毫米，纺锤形，黄绿色，复眼、腹管及尾均为漆黑色。

（3）若蚜　鲜黄色，触角、腹管及足均为黑色。

（4）卵　椭圆形，漆黑色。

2. 危害特点　被害叶片的叶尖向叶背横卷，影响新梢生长，严重时造成树势衰弱。

3. 发生规律　一年发生 10 余代，以卵在寄主枝梢的皮缝、芽旁越冬，翌年苹果芽萌动时开始孵化，约在 5 月上旬孵化结束。初孵若蚜先在芽缝或芽侧危害 10 余天后，产生无翅和少量有翅胎生雌蚜。5～6 月继续以孤雌生殖的方式产生有翅和无翅胎生雌蚜。6～7 月繁殖最快，产生大量有翅蚜扩散蔓延造成严重危害。7～8 月气候不适，发生量逐渐减少，秋后又有回升。10 月间出现性母，产生性蚜，雌雄交尾产卵，以卵越冬。此虫无转换寄主现象，是一种留守型蚜虫。

4. 防治方法

（1）人工防治　在蚜虫发生少的年份，树上有个别新梢被害，早期剪除，可有效控制其蔓延。

（2）果树休眠期防治　苹果发芽前，喷含油量 5％柴油乳剂，消灭越冬卵，可兼治红蜘蛛和各种介壳虫。

（3）果树生长期防治

①树干涂环。在 5 月上、中旬，蚜虫发生初期，将主干刮去老皮（6 厘米宽的环带），再选用 40％氧化乐果 2～10 倍液涂抹，以药液不往下流为度，或用药液浸卫生纸缠树，最后用塑料布或报纸包扎，一般 7～10 天，蚜虫可全部死亡。

②喷药防治。通常在越冬卵孵化盛期并未造成受害时（花序分离期），是全年防治的第一个有利机会，在大发生期进行第二次防治。常用的药剂有：25％吡虫啉 4 000～5 000 倍液，或20％啶虫脒 6 000～8 000 倍液。由于蚜虫繁殖代数多，并具有孤雌生殖的特点，故易产生抗药性，因此要注意选择新药。

（4）应充分认识和利用天敌的自然控制作用　在正常气候下，没有药剂干扰，蚜虫不致成灾。发生量较大时，到 6 月上中旬麦田瓢虫向果园转移，也可在短期内控制其危害。危害严重时，可用药剂防治，要特别注意保护其天敌，如多种瓢虫、食蚜蝇、草蛉、茧蜂和姬蜂。

（八）苹果绵蚜

1. 形态特征

（1）无翅孤雌蚜　体卵圆形，长 1.7～2.2 毫米，头部无额瘤，腹部膨大，黄褐色至赤褐色，背面有大量白色绵状长蜡毛，复眼暗红色，触角 6 节。

（2）有翅孤雌蚜　体椭圆形，长 1.7～2.0 毫米，头胸黑色，腹部橄榄绿色，全身被白粉，腹部有少量白色长蜡丝，触角 6 节。

（3）有性蚜　体长 0.6～1 毫米，触角 5 节。

（4）若虫　分有翅与无翅两型。

2. 危害特点　主要危害枝干和根系。群集在枝干的病虫伤口、锯剪口、老皮裂缝、新梢叶腋、短果枝、果柄、果实的梗洼和萼洼进行危害。枝干或根被害后，起初形成平滑而圆的瘤状突起，严重时肿瘤累累，有些肿瘤破裂，造成大小和深浅不同的伤口。果实受害，多集中在梗洼和萼洼周围，并产生白色棉絮状物。

3. 发生规律　以孤雌繁殖方式产生胎生无翅雌蚜。因地区不同、发生代数不同，一年少则 8～9 代，最多达 21 代，以无翅胎生成虫及 1～2 龄若虫在树干、枝条的伤疤处、粗皮裂缝、土表下根颈部与根蘖、根瘤皱褶及不定芽中越冬。夏季有翅蚜 5 月下旬出现，为数虽少，但能胎生幼蚜与有性蚜，利于扩散。

4. 防治方法

（1）做好检疫工作　使之不再蔓延。

（2）早春防治　在 4 月进行树体涂干，方法同蚜虫的防治或灌根。灌根的具体做法是，苹果花期前后将树干根颈部一圈的土壤挖开，露出 3～5 厘米深的新鲜树皮即可，尽量弄净树皮上的土壤；将绵蚜净 1 包（50 克）倒入约 0.5 千克装矿泉水瓶内，加满水混匀，将瓶盖钻一个直径 1 毫米左右的小孔，瓶盖拧紧后小孔对准新挖开树皮处挤压瓶壁，将药液围绕树干喷洒一圈，1 包药剂（即 1 瓶药液）一般可处理半亩地的果树，尽量使药剂在所处理树分摊均匀，喷洒完毕后将挖开的土壤回填，目的是减少树皮喷药处药剂的光解。处理后药剂在树皮内缓慢扩散，2 个月后绵蚜会显著减少直至完全灭除。

（3）发生初期防治　在 5 月上中旬，该虫发生初期进行喷药防治。可使用 50%抗蚜威可湿性粉剂 4 000 倍液，或 48%乐斯本乳油 1 500 倍液等。在喷药时，应采用淋洗式方法，并在药液中混加碳酸氢铵 300 倍液、洗衣粉 300 倍液、害立平 1 000 倍液等，可明显提高药效。

（九）苹果绿盲蝽

1. 形态特征　绿盲蝽成虫体卵圆形，黄绿色，体长 5 毫米左右，宽 2.2 毫米；触角绿色；前翅基部革质、绿色，端部膜质、灰色、半透明。若虫体绿色，有黑色细毛，翅芽端部黑色。

2. 危害特点　该虫主要以成虫和若虫刺吸危害各幼嫩组织，苹果上以叶片受害最重。受害初期形成针刺状红褐色小点，随着被害叶片的生长，以红褐色小点为中心形成许多不规则孔洞，叶缘残缺破碎、畸形皱缩，俗称"破叶疯"。果实症状：幼果受害后，多在萼洼被害的吸吮点处溢出红褐色胶质物，以刺吸处为中心，形成表面凹凸不平的木栓组织。以后随着果实的逐渐膨大，刺吸处逐渐凹陷，最终形成畸形果。

3. 发生规律　绿盲蝽年发生 4～5 代，以卵越冬。第二年 4 月中旬果树花序分离期开始孵化，4 月下旬是顶芽越冬卵孵化盛期，孵化的若虫集中危害花器、幼叶。5 月中旬是越冬代成虫羽化高峰期，也是集中危害幼果的时期。危害繁殖 3～4 代，末代成虫于 10 月陆续产卵于果树的顶芽，进行越冬。绿盲蝽以展叶期和小幼果期危害最重，绿盲蝽的发生程度与早春降水量有关，通常，降水量大，发生程度重，因为湿度有利于越冬卵孵化。

4. 防治方法

（1）农业防治　结合冬季清园，铲除杂草，刮掉树皮，消灭绿盲蝽越冬卵。

（2）休眠期药剂防治　苹果发芽前，结合刮树皮，全园喷施1 次 40％毒死蜱乳油 1 000 倍液＋柔水通 3 000 倍液混合液，可杀灭部分越冬虫卵。

（3）生长期药剂防治　5 月上中旬是药剂防治关键期，需连续喷药 2 次，间隔期 7～10 天。个别受害严重果园，6 月上旬再喷药 1 次。常用有效药剂有 5％丁烯氟虫腈 1 500～2 000 倍液，或 20％甲氰菊酯乳油 1 500～2 000 倍液等。由于绿盲蝽白天一般在树下杂草及行间作物上潜伏，早、晚上树危害，因此，喷药时应着重喷洒树干、地面杂草及行间作物，做到树上树下喷细致，尽量在傍晚喷药效果较好。

（十）苹果桑天牛

1. 形态特征

（1）成虫　黑褐至黑色密被青棕或棕黄色绒毛。头部中央有1 条纵沟，触角的柄节和梗节都呈黑色，鞭节的各节基部都呈灰白色，端部黑褐色，前胸背面有横行皱纹，鞘翅基部密布黑色光亮的颗粒状突起，翅端内、外角均呈刺状突出。

（2）卵　长椭圆形，初乳白色，后变淡褐色。

（3）幼虫　圆筒形乳白色，头黄褐色。

（4）蛹　纺锤形，初淡黄后变黄褐色。

2. 危害特点　成虫食害嫩枝皮和叶；初孵幼虫在 2～4 年生枝干中蛀入逐渐深入心材。幼虫于枝干的皮下和木质部内，向下蛀食，隧道内无粪屑，隔一定距离向外蛀一通气排粪屑孔，排出大量粪屑，削弱树势，重者枯死。

3. 发生规律　一年发生 1 代，以幼虫在枝条内越冬。寄主萌动后开始为害，落叶时休眠越冬。6 月中旬开始出现成虫，7 月上中旬开始产卵，成虫多在晚间取食嫩枝皮和叶，以早、晚较盛，取食 15 天左右开始产卵，卵经过 15 天左右开始孵化为幼虫。7～8 月成虫盛发期。

4. 防治方法

（1）7～9 月幼虫期　幼虫孵化并向枝条基部蛀入；防治时可选最下的 1 个新粪孔，将蛀屑掏出，然后用天牛钩杀器钩捕或刺杀幼虫。

（2）6 月下旬至 8 月下旬成虫发生期　每天傍晚巡视果园，捕捉成虫。成虫白天不活动，可振动树干使虫落地捕杀。

（3）幼虫发生盛期　对新排粪孔，可用下列药剂：80％敌敌畏乳油 100 倍液，或 25％高效氯氰菊酯乳油 50 倍液，或 10％吡虫啉可湿性粉剂 500～800 倍液，或用兽用注射器注入蛀孔内，施药后几天，及时检查，如还有新粪排出，应及时补治。

（十一）桃小食心虫

1. 形态特征

（1）成虫　全身淡灰褐色，雌虫体长 7～8 毫米，翅展 16～18 毫米，雄虫略小。前翅中央近前缘处有一蓝黑色的近似三角形大斑，后翅灰色。雌蛾触角丝状，下唇须长而直，稍后倾。雄蛾触角栉齿状，下唇须短而上翘。

（2）卵　红色，近孵化时呈暗红色，竖椭圆形，长 0.4～0.41 毫米，宽 0.31～0.36 毫米，顶端环生丫形外长物。

（3）幼虫　老熟幼虫体长 13～16 毫米，桃红色，初孵化幼虫乳白色，头及前胸背板黑褐色，胴部有淡黑色小点，无臀栉。

（4）茧　有2种。越冬茧呈扁圆形，长4.5～6.2毫米，宽3.2～5.2毫米，质地紧密，坚韧结实；夏茧呈纺锤形，长7.8～9.9毫米，宽3.2～5.2毫米，质地疏松，一端有羽化孔，幼虫在其中化蛹。

（5）蛹　黄白色，体长6.5～8.6毫米，体壁光滑无刺。

2. 危害特点　初孵化幼虫，从萼洼附近或果实胴部蛀入果内，蛀入孔流出透明的水珠状果胶滴，数日后果胶滴干为白色粉状物，随着果实长大，入果孔愈合一针尖大小的小黑点，周围稍凹陷，呈青绿色。幼虫蛀入后在果内纵横串食或直入果心蛀食。早期危害严重时，使果实变形，表面凹凸不平，俗称猴头果。被害果实渐变黄色，果肉僵硬，又俗称黄病。果实近成熟期被害，一般果形不变，但果内虫道充满大量虫粪，俗称豆沙馅。幼虫老熟后，在果面咬一直径2～3毫米的圆形脱果孔，虫果容易脱落。被害果大多有圆形幼虫脱果孔，孔口常有少量虫粪，由丝粘连。

3. 发生规律　以老熟幼虫在土中越冬。在苹果落花后15天左右，当旬平均气温达到17℃、地温达19℃时，幼虫开始出土。幼虫出土受土壤含水量影响较大，土壤含水量在10%以上时，幼虫能顺利出土；越冬幼虫出土后，在地面做夏茧化蛹，蛹期约半月。6月上旬开始出现越冬代成虫，盛期在6月中下旬至7月上旬，末期在7月下旬。

4. 防治方法

（1）农业防治　在越冬幼虫出土前，将树根颈基部土壤扒开13～16毫米，刮除贴附表皮的越冬茧。于第一代幼虫脱果时，结合压绿肥进行树盘培土压夏茧。

（2）摘除虫果，在幼虫蛀果危害期间（幼虫脱果前），于果园巡回检查、摘除虫果，并杀灭果内幼虫，每10天摘1次虫果，可有效控制该虫的发生量。

（3）套袋保护　在成虫卵前对果实进行套袋保护，在套袋果园该虫已不成问题。

(4) 诱杀　田间安置黑光灯或利用桃小食心虫性诱剂诱杀成虫。

(5) 覆盖地膜　在春季对树干周围半径 1 米以内的地面覆盖地膜，能控制幼虫出土、化蛹和成虫羽化挖茧或扬土灭茧。

(6) 生物防治　每平方米施寄生线虫 60 万～80 万条，杀虫效果良好。

(7) 药剂防治　常用药剂有 5％顺式氰戊菊酯（来福灵）乳油，或 10％氯氰菊酯乳油，或 2.5％溴氰菊酯乳油均为 1 500～2 000 倍液，或 2.2％甲维盐乳油 4 000 倍液，或 25％灭幼脲 3 号1 000～1 500 倍液。

(十二) 苹毛金龟子

1. 形态特征

(1) 成虫　体长 9～12 毫米，宽 6～7 毫米，长卵圆形，除鞘翅和小盾片外全体被黄白色细绒毛，鞘翅光滑无毛，黄褐色，半透明，具淡绿色光泽。鞘翅上隐约有 V 形后翅，腹末露出鞘翅外。头、胸部古铜色，有光泽，触角鳃叶状 9 节。

(2) 卵　椭圆形，乳白色后变为黄色。

(3) 幼虫　体长 15 毫米，头部黄褐色，胸腹部乳白色，头部前顶刚毛各有 7～9 根，排成一纵列，后顶刚毛各 10～11 根，呈簇状。额中两侧各 2 根刚毛较长。胸足细毛，5 节，无腹足。

(4) 蛹　裸蛹初为白色，后渐变为黄褐色。

2. 危害特点　在果树花期，以成虫取食花蕾、花朵和嫩叶，发生严重时，将上述部分吃光。

3. 发生规律　一年发生 1 代。以成虫在土中越冬，3 月下旬开始出土活动，4 月上旬至下旬危害最重，5 月中旬成虫活动停止，4 月下旬至 5 月上旬为产卵盛期，5 月下旬至 6 月上旬为幼虫发生期，8 月中下旬是化蛹盛期，9 月中旬开始羽化，羽化后

不出土，在土中越冬。成虫具假死性，无趋光性，一般先危害杏，后危害梨、苹果和桃等。

4. 防治方法

（1）捕杀成虫　利用成虫的假死性，于清晨或傍晚振树捕杀成虫。

（2）在成虫出土前，树下施药剂　可用25％辛硫磷微胶囊100倍液处理土壤。

（3）果树施有机肥时　捡拾幼虫和蛹或用上述药剂进行处理。

（4）苹果树近开花前施药　果园常用有机磷药剂如辛硫磷1 000～1 500倍液，或菊酯类1 500～2 000倍液。

（十三）康氏粉蚧

1. 形态特征

（1）成虫　雌成虫椭圆形，较扁平，体长3～5毫米，粉红色，体被白色蜡粉，体缘俱17对白色蜡刺，腹部末端1对几乎与体长相等。触角多为8节，多孔腺分布在虫体背、腹两面。雄成虫体紫褐色，体长约1毫米，翅展约2毫米，翅1对，透明。

（2）卵　椭圆形，浅橙黄色，卵囊白色絮状。

（3）若虫　椭圆形，扁平，淡黄色。

（4）蛹　淡紫色，长1.2毫米。

2. 危害特点　若虫和雌成虫刺吸芽、叶、果实、枝叶及根部的汁液，嫩枝和根部受害常肿胀且易纵裂而枯死。幼果受害后多成畸形果。排泄蜜露常引起煤污病发生，影响光合作用。

3. 发生规律　一般一年发生3代，以卵囊在树干及枝条的缝隙等处越冬。各代若虫孵化盛期为5月中、下旬，7月中、下旬和8月下旬。若虫发育期，雌虫为35～50天，雄虫为25～37

天，雄若虫化蛹于白色长形的茧中。每头雌成虫可产卵 200～400 粒，卵囊多分布于树皮裂缝等处。若虫和成虫吸食苹果枝干和果实汁液，可导致枝干生长衰弱，果实品质下降，甚至整株果树枯死。

4. 防治方法

（1）注意保护和利用天敌　康氏粉蚧的天敌有瓢虫和草蛉等。

（2）冬季清除虫卵，减少虫源　结合冬季修剪、重剪疏除危害严重的有虫枝条，并彻底烧毁，降低越冬基数，以减轻来年虫源。

（3）化学防治　防治的关键是在 1 龄若虫活动时施药。一般刚卵化后的若虫并不马上分泌蜡粉，等天气晴朗暖和时陆续以团体介壳爬出，过几天体外才陆续上蜡，因此要掌握在若虫分散转移期分泌蜡粉前施药防治效果最佳，可选用 2.5％溴氰乳油或 2.5％三氟氯氰菊酯乳油，或 40％的毒死蜱＋20％的阿维菌素等。

三、主要杂草种类及防除

（一）主要种类

据调查，北方苹果园杂草主要有禾本科的马唐、稗草、牛筋草、狗尾草、野燕麦、白茅，唇形科的夏至草，菊科的刺儿菜、苍耳、蒲公英，十字花科的荠菜，桑科的葎草，马齿苋科的马齿苋，苋科的反枝苋、苋菜，玄参科的通泉草，蓼科的小藜，大戟科的铁苋菜，莎草科的三棱草，旋花科的小旋花，藜科的灰菜，车前科的车前子，鸭跖草科的鸭跖草等数十种。由于不同类型果园的生态环境差异较大，因而杂草的种类也不相同。幼龄果园，以白茅、三棱草、刺儿菜、小旋花、葎草等多年生杂草为主，同时也有荠菜、夏至草、马唐、牛筋草、狗尾草、马齿苋、反枝苋等一年生杂草；成龄果园以一、二年生禾本科杂草和阔叶杂草为主，也有少量的多年生杂草。同时果园由于生态地貌的不同，其杂草的优势种群种类和数量也有明显的差异。

（二）危害

1. 与苹果树争肥水　果园杂草根系发达，能从土壤中吸收并消耗大量水分和养分。据研究，一年生的双子叶杂草密度为 $100\sim200$ 株/米^2，每年每公顷杂草要吸收氮 $60\sim139.5$ 千克，磷 $19\sim30$ 千克，钾 $99\sim139.5$ 千克，若每平方米果园中有藜、鸭跖草、稗草 $800\sim1\,000$ 株，当这些杂草进入开花结果期，每公顷要从土壤中吸收相当于 $30\,000\sim45\,000$ 千克的肥料。可见，若不及时控制杂草，果园施用的肥料很大一部分被杂草吸收，导致果树生长不良。幼树结果延迟，结果树树体衰弱且果小、色淡、质差，从而导致低产低效。

2. 病虫害严重　果园杂草是许多病虫害的媒介和中间寄主，是造成果树发生病害的菌源和虫害的虫源。如危害果树的红蜘蛛、蚜虫、绿盲蝽等均可在多年生杂草上寄生；冬季草根丛生中潜藏的害虫冬茧、金龟子幼虫等是危害果树的越冬虫源；空中飘飞的已感染环斑病毒的蒲公英种子洒落在果树上，也可使果树感病。

3. 光照差　果园中一些植株高大的杂草，如灰绿藜、凹头苋、碱蓬或一些攀援生长的杂草，如牵牛花、葎草等攀援缠绕在果树上，减少了果树受光面积，同时杂草与果树争夺空气中的二氧化碳，从而影响果树的有机营养积累，花芽形成及果实品质，降低了商品果率和经济效益。

（三）杂草防除

1. 人工除草　采用人工除草安全、方便，是目前生产上主要的除草方法，如果树施肥、耕作等田间作业都有一定除草作用，但人工除草必须及时，一般应在杂草出土后 3～5 叶及时锄地，此时既省工又省力。

连雨天不仅增加了人工除草的难度，而且更有利于杂草生长。人工除草一年需 4～6 次，每亩用工 2～3 个，全年用工10～15 个，费用较高。

2. 机械除草　采用旋耕机或割草机除草，要求苹果树栽植规范，行间距要大，有机械作业的空间，小型旋耕机（8～12 马力*）2～3 小时旋耕 1 亩，中型旋耕机（15～25 马力）0.5 小时旋耕 1 亩，一年旋耕 2～3 次即可控制杂草生长。割草机又有多种类型，四轮拖拉机型割草机 20 分钟割 1 亩，当杂草高 40 厘米左右割 1 次，一年需割草 4～6 次。一般机械除草 1 亩地年费用在 150～200 元，与人工比省工省时，费用低。

3. 间作法　在幼龄果园或果树行距较大、地面覆盖率极低的成龄果园，可在行间种植生长期短、植株矮小的作物，如花生、大豆、西瓜、甘薯、马铃薯等，既可覆盖地面，减少杂草生长危害，又能增加收入。

4. 覆盖法

（1）秸秆覆盖　覆盖时间在 5 月上中旬以后，可采用作物秸秆等进行覆盖，厚度在 20 厘米左右，每公顷覆盖 15 000 千克左右。为防风防火，应在覆盖物上零星压土，树干周围 50 厘米范围内，应留空不覆盖，以利于果树生长，秸秆覆盖法不仅有良好的除草效果，还能提高土壤有机质含量，改善土壤物理性状，增强树势，提高果树越冬抗寒能力。

（2）地布或塑料膜覆盖　覆盖应在杂草出土前对树行两侧各 1 米进行覆盖，果树行间生草或间作农作物。

5. 生草法　生草法有 2 种，一是自然生草；二是人工种草，

---

* 马力为非法定计量单位，1 马力＝735.5 瓦。——编者注

即在果树行间种植三叶草、苜蓿、水打旺、田菁等牧草。生草法既可覆盖地面，抑制恶性杂草生长，又可获得牧草或绿肥，同时还有利于保护天敌，但要注意加强肥水管理，及时收割，并保持10厘米的高度，树冠下要及时除草或覆地布。

6. 化学除草　此法见效快，省工省时，但除草剂种类较多，必须根据杂草种类、果树品种、土壤类型和气候条件等因素，选用适宜的除草剂种类，以免发生药害。依靠化学除草的果园，全年喷药1～2次，基本上可控制果园杂草危害。对一年生杂草为主的果园，以土壤封闭处理为主，茎叶处理为辅。在3月中下旬杂草萌芽前使用48%氟乐灵乳油（150～200毫升/亩）、25%敌草隆可湿性粉剂（0.2千克/亩）＋25%除草醚可湿性粉剂（0.4千克/亩），对水50～60千克对土壤喷雾。对多年生杂草为主的果园，则以茎叶处理为主，土壤处理为辅，当杂草长到30厘米左右时，使用20%草铵膦水剂，50～80毫升/亩，对水30～50千克喷雾。防治多年生禾本科及一年生阔叶杂草时，每亩用10%草甘膦水剂1 000～1 500毫升。用于防治深根性及多年生恶性杂草每亩用10%草甘膦水剂1 500毫升以上，对水50～60千克喷雾。

使用草甘膦、草铵膦等除草剂进行化学除草时，严禁将药液喷到果树叶片、新梢和嫩茎上，以免发生药害；喷雾要均匀，对宿根性杂草茎叶处理应达到湿润滴水为度；对于茎叶除草剂，在果园杂草大量发生前且杂草高20～30厘米时喷药效果最好；封闭地面喷药要掌握土壤湿润时均匀喷施，土壤干燥时应加大用药量。

7. 农业措施　这是有效根除和杜绝果园杂草、杂草种子传播和扩散的有效途径之一，具体措施如下：

①对果树使用的各种农家肥，要充分腐熟，使草籽失去活力，后再施用。

②为防止果园外杂草的入侵，除要加强田间管理外，还要做

好田边、沟渠杂草的防除，以防杂草向园内蔓延。

③幼龄果园间作的作物要合理轮作换茬。

④加强植物检疫工作，以防止危险性杂草随着引进苗木等带入果园。

第九章
果园的经营管理与市场营销

传统的果园仅仅指种植果树的园地，有时也叫果木园。随着农业现代化水平的提高，传统果园的栽培模式、机械化程度、经营管理特点已经不适应农业供给侧结构性改革。现代果园是相对传统果园而提出的一个新概念，是传统果园的发展。其基本特点不仅体现栽培模式的科学化、农事活动的机械化、经营模式与管理的现代化，而且经济效益也不仅仅指果品效益，生产过程也能实现效益增值。现代果园应是绿色果品生产与生态旅游相结合的产业，是果园公园化，是果园与公园的有机结合。现代果园是结合水果生产、生活改善与生态建设的三位一体的新型果园形式。

一、现代果园的分类

在乡村振兴战略下，现代果园不仅仅具有果品生产功能，还应立足农业的多功能性，实现农业的一、二、三产业融合。果园不仅生产鲜活果品，还应该根据不同消费者的消费层次和消费习惯，发展果园的休闲旅游，提高果园生产过程的附加值。近年来，随着人们生活水平的不断提高，人们对果品的质量提出了更高的要求，按照无公害生产标准，发展无公害果品生产，健康、安全、无污染的无公害果品越来越成为果品生产的主流。

按照果园的功能划分，现代果园可以分为3类。

（一）生产型果园

以生产功能为主的果园，主要强调果园的标准化和规模化，以生产高品质的果品为主，注重果品的品牌化。现代化的生产型果园是指以生产绿色果品为目标，科学化建园、良种化栽培、机械化生产、标准化管理、品牌化营销为基本特征，在生产和管理上注重机械化，减少人工成本投入，在喷药、施肥、疏花疏果、整形修剪和采收包装上注重省时省力，在农药化肥使用上注重减量化和生物防治。

（二）观光型果园

以果园生产为基础，结合旅游、教育、科研等多种功能，将果园作为观光旅游资源进行开发的一种绿色产业。以果树观赏特性为基础，以园林设计的理论来布局各个景点，并配置一些必要的园林建筑休闲设施或餐饮住宿场所，营造一个集果品生产、休闲旅游、观光体验、科普示范、娱乐健身、儿童游玩等于一体的，既有自然风光又有人文景观的新型果园。目前观光型果园主要有：

1. 观光采摘型　是一种以绿色景观和田园风光为依托，利用果园的农业生产场地、设备、作业以及成果获取收益的休闲旅游农业类型。

2. 景点观光型　旅游已成为一种时尚，可通过农业和旅游规划，按照一园一色、一地一品，在不同地域设置观光景点，展示果树"新、奇、特、美"的魅力，给游客带来更多的艺术享受。还可在建设观光果园的同时，配设农家乐等项目，组建设施齐全的综合观光果园，充分提高单位面积的经济效益。

3. 果园体验型　是指由农户提供或出租果园，让游客参与果树修剪、施肥、浇水、套袋、采摘等田间管理过程，主要让市民体验果品生产的全过程，享受由种植、管理到收获的乐趣。

(三) 综合型果园

果园同时具备生产和观光、采摘、休闲功能，能够体现一、二、三产业融合发展。

二、现代果园营销

现代果园营销不仅包括果品营销，而且包括果园生产过程的营销。宏观层面上，果园的营销，指的是果园的经营者在创造、沟通、传播和交换产品中，为顾客、客户、合作伙伴以及整个社会带来经济价值的活动、过程和体系。微观层面上，果园的营销，主要是果品营销，指的是如何实现果园的产品从生产者到消费者手中的过程，包括选择目标市场、市场定价、产品开发、促销活动、广告宣传、售后服务等与市场营销有关的生产、收购、销售等一系列经营活动，具有生产性、流通性和盈利性。

(一) 苹果的生产与营销特点

1. 集约经营　集约经营指在单位面积的土地上投入较多的生产资料和劳动，管理环节多而精细，收益也较大。高投入、高产出是苹果生产的显著特点。据国家苹果产业技术体系统计，2016 年我国苹果每公顷投入为 75 000 元，相当于种植小麦和玉米投入的 3～5 倍，种植苹果每公顷纯收入达 75 000 元以上，是种植小麦和玉米纯收入的 10 倍以上。

2. 生产周期长　苹果属多年生木本植物，一般需要经过幼树期、初果期、盛果期等过程，生产周期长，短则十几年，长则几十年。因此，在建园前就要对市场定位及未来市场做出客观判断。

苹果从定植到收回成本需要一定时间，这个过程因栽植方式、管理水平等不同而有较大差异。乔砧苹果一般定植后 3～4

年开始结果，5～7 年达到收支平衡，而矮砧密植栽培定植后 1～2 年即可开始结果，收支平衡年限缩短到 3～5 年。

3. 品种和质量对产品的价格影响大　苹果品种较多，每一品种的外观品质、内在品质、贮藏特性等均有一定差异，这就决定了品种间的市场定位、价格等存在一定差异，因此建园前应充分了解品种特性以做到科学规划。另外，同一品种不同质量的果实间价格差异很大，优质优价现象明显，因此，提高果品质量是苹果生产者最重要的经营目标之一。

4. 苹果生产的地域性与季节性　环境条件对苹果树体生长、果实品质影响极大，同一品种在不同区域果实质量差异较大，存在明显的地域性。因此，各地应根据当地的环境条件选择适宜的品种。

苹果品种中早中熟品种耐性较差，因此目前我国苹果中早中熟品种所占比例较低，仍以晚熟品种为主，呈现季节性较强的特点。苹果价格周年波动较大，一般距采收季节越远，价格越高。因此，应适当发展早中熟品种，改善贮藏条件。

5. 苹果容重小，营销资本相对较低，市场容量大　容重即单位体积内的重量，苹果属容重小的果实。一般元帅系苹果的容重为 $0.55～0.65$ 吨/米^3，国光为 $0.59～0.68$ 吨/米^3，金冠为 $0.51～0.60$ 吨/米^3。由于容重小，运输时即会增加运输成本。再加之目前人们越来越青睐包装小型化，运输成本会越来越高。但由于苹果单位重量的价格仍然较低，与多数工业品相比，苹果的营销资本相对较少。

苹果具有较高的营养与保健价值，是大众喜欢消费的商品，因此在我国苹果属于市场容量大的果品。

（二）果品营销的 SWOT 分析

SWOT 分析法也叫态势分析法，是一种战略分析工具。是对产业内部的优势（Strength）、劣势（Weakness）和产业外部的机会（Opportunity）、威胁（Threat）进行结构化的分析，找出对自身发展有利的、值得发扬的因素，以及对自己不利的、要抑制和规避的因素，从而提出切实可行的产业发展对策。

1. 果品营销的优势　随着种植业结构调整和果品产业发展，以合作社和龙头企业引领的标准化、规模化果品种植基地发展速度较快，形成了果品的优势产区。随着农业供给侧结构改革，绿色营销、品牌营销成为果品营销的重要策略。果业全过程的标准化生产和管理体系初步建立。

2. 果品营销的劣势　由于农户分散经营特点，果品经营长期面临小农户大市场格局，信息不对称现象仍然长期存在，尽管形成了一些果品区域公用品牌，但是从品牌数量和品牌知名度上，仍然有很大的提升空间。生产经营过程中，资金和技术缺乏、经营主体缺乏产业营销的先进理念等依然是制约果品营销和管理的不利因素。

3. 果品营销的机会　"一带一路"倡议的提出，对中国果品及深加工产品"走出去"提供了巨大的发展机会。世界整体经济在发展，崇尚健康、注重养生已成为一种趋势，追求绿色、天然、保健果品在欧美发达国家和一部分发展中国家已逐渐流行。近几年，农业部、国家林业局制定了全局性和战略性的果业结构调整对策，为果业健康、可持续发展提供了发展契机。另一方面，粮食消费量呈下降趋势，水果（瓜果）消费比重则不断上升，食品的绿色、有机和保健功能在人们选择过程中占得分量越来越重，各种具有保健功能的果品的消费量快速增加，特色、保健、药食同源果品的市场发展更是迅速。

4. 果品营销的威胁　果品营销不仅要面对国内市场，还要面对国际市场。国内的很多果品大省注重发展果品产业，不同品种、不同产地、不同口味的、品质优良的特色果品不断涌现，国内市场竞争加剧。随着国际市场日益开放，果品的各项保护政策也逐步放开，国外大量果品不断涌入国内市场，发达国家为了保护本国利益，大多采用绿色贸易壁垒来限制国外果品的进入，通过立法和其他非强制性手段制定许多苛刻的环境、贸易规则、技术标准和法规。另外，中西亚等周边国家大多处于改革转型阶段，部分国家政治经济体制还不稳定，绝大多数国家还没有加入世界贸易组织，对外贸易政策比较多变，对进入这些市场的果品的要求将会越来越多，进入难度将会越来越大，竞争将会越来越激烈（表 9-1）。

表 9-1　果园产品的市场营销 SWOT 分析

内部环境 外部环境	优势 S 果园规模化种植，建立了优势产区，有能力生产优质多样的果品；绿色健康的生活理念深入人心，果品本身具有健康属性	劣势 W 技术、资金的匮乏；品牌的树立；信息不对称，销售困难；经营主体观念、认识的不足
机会 O 国内外广阔的市场需求 我国对于农业的支持补贴政策	SO 战略 在供给侧结构性改革中敢为人先，建立高品质的标准生产基地，满足国内外市场对高品质果品的需求；大力发展观光果园、旅游体验式果园，开发果园的多功能性	WO 战略 发展新型经营主体，利用国家的支持补贴政策，树立品牌；做好信息平台的建设，积极与高校、科研机构展开合作，提升科技含量
威胁 T 国外果品的竞争 国际贸易中的壁垒和贸易保护主义	ST 战略 面对严峻的国际竞争，提高自身产品的品质，严格按照国际标准进行生产；同时，在国内市场上开拓多层次的消费市场，产品多样化	WT 战略 组建专业合作组织，组织各经营者的产加销一体化 行业协会举办各种活动，提供法律、政策、标准、技术方面的服务等

(三) 果品营销策略

为提高果品营销的竞争力，在果品营销的过程中，要以目标客户为中心，建立多元化、扁平化、高效快捷、安全的果品营销渠道网络体系；果品从果园到果盘、果汁，到消费者手中，要保证绿色、美味，有利于健康。

1. 品牌营销策略 品牌是果品质量、经营者信誉的反映，同时对消费者的购买具有导向作用，是提高果品竞争力的重要支撑要素。果品市场营销一定坚持品牌营销战略，强化品牌经营意识，果品企业应树立起强烈的品牌经营意识，在实行果品品牌化经营中，对市场竞争力强的优势特色果品进行商标注册，创建果品品牌。建立特色果品的标准体系，重点是建立和完善果品质量安全标准、果品生产先进实用技术标准、检验检测方法标准和管理标准相配套的果品生产、加工、运输、销售标准。加大品牌宣传力度。品牌宣传是品牌建设中的一个重要环节，品牌的知名度与品牌的宣传力度密切相关，果品企业除借助展会及各大媒体正面宣传外，还应充分利用有利的新闻事件侧面宣传。另外，为了提升具有区域性的品牌特色果品的知名度，地方政府也应积极宣传以增强品牌果品的市场竞争力。

2. 绿色营销策略 绿色营销是指市场主体通过发现、创造和选择市场机会并采取相应的营销手段以满足消费者的健康、绿色需求，实现经济利益、消费者需求和环境利益的统一。坚持绿色营销策略，要始终贯彻"绿色"理念，首先，搜集果品市场绿色信息，发现和识别消费者尚未满足的绿色需求，在此基础上，结合企业自身经营发展情况及目标，制定切实可行的绿色营销计划。开发绿色产品，果品及其加工品在外观、营养和卫生等方面应充分体现绿色食品的无污染、安全、优质与营养的标准要求，在外形、色泽、味道、口感等感官品质上要优于一般果品，在营养物质、糖类、维生素等理化指标和生物学指标上不能低于国际标准。同时通过媒体的大力宣传，启发并引导消费者的绿色需求，最终促成绿色果品销售。

3. 电子商务销售策略 电子商务销售也称网上营销、在线营销，是企业整体营销战略的一个组成部分，是借助联机网络、计算机通信和数字交互式媒体来满足客户需要、实现一定市场营销目标的一系列市场行为。在十二届全国人民代表大会第三次会议上，李克强总理在政府工作报告中首次提出了"互联网＋"行动计划，随着互联网的迅速发展，很多销售企业或种植地的农户都开始通过网络进行销售，以减少产品多层级流传。在果品线上销售过程中，要注重从客户需求出发，认真分析客户的需要，通过提高果品的品质和品牌的影响力，培养忠实的客户群体。同时提高果品的物流运作效率，构建企业内部的物流体系，利用现代信息技术，降低生鲜果品损耗，在物流配送中也要制定标准，并按标准和承诺严格执行，提高生鲜果品物流运作效率。

运用信息化平台，与全球农业科技信息网联网，掌握苗木需求信息、新品种、果品需求与销售趋势等信息。利用网络平台进行果品营销，可以拓宽销售渠道，扩大果品销售范围，降低营销成本。运用电子商务体系进行网上交易，缩短时间和空间距离，最大限度地利用信息资源，获取良好的经济效益。苹果果园管理信息系统网站，按照实现功能进行划分，主要包括两个大模块：前台用户功能模块和后台管理员管理模块。其中前台用户功能模块是用户访问浏览的界面，用户通过该模块主要实现浏览、学习以及留言交流等功能，后台管理员管理模块主要是管理员见到的界面，管理员通过这部分能够更好的管理网站，收集资料，优化网站。

4. 关系营销策略 所谓关系营销，是以系统论和大市场营销理论为基本思想，将企业置身于社会经济大系统中来考察企业的市场营销活动，关系营销是一个与消费者、竞争者、供应商、分销商、政府机构和社会组织发生互动作用的过程，关系营销的核心是正确处理个人和组织的关系，将建立与发展同个人和组织的良好关系作为企业市场营销成功与否的关键因素。关系营销的目标是处理好上述关系，建立长期稳定的合作关系。就果园的营销来说，"企业＋基地＋农户""企业＋合作社＋基地＋农户"等经营模式都是关系营销的良好体现。果品生产企业或者合作社，通过土地流转实现果品的标准化和规模化种植，是农户和市场重要的连接枢纽，不仅带动周围农户增加收益，而且果品直接对接批发市场，还可以实现农超对接、农社对接，甚至和果品加工企业、外贸企业连接。

5. 文化营销策略 文化营销以无形的文化观念为基础，通过凝聚在有形产品中的文化信念、情感诉求、顾客体验来达到营销目的。与传统产品营销相比，文化营销向消费者销售的不仅是单一的物质产品，还有包含在产品内部的文化意蕴，它能全面满足消费者的物质需求和精神需求，给消费者以文化上的享受，满足他们高品位的消费需求。在实施果品文化营销策略时，要充分了解目标市场的消费文化，包括目标消费群体的风俗习惯、宗教禁忌、文化环境、人口特征、个人偏好、消费方式等，通过对比分析，找出产品文化内涵与目标市场消费文化的共鸣点，从而确定果品文化营销的文化定位。果品文化营销的产品策略包括产品定位、产品开发、产品组合、产品创新等。

6. 体验营销策略 体验营销指通过消费者的感官、情感、思考、行动和联想等参与和体验，由企业和消费者共同建立起产品信息的良性循环系统，利用消费者的整体感受和评价去激活消费者内心的消费欲望并加快实现购买行为的一种营销方式。随着生活水平的提高及消费理念的转变，人们已经不再满足于生鲜农产品带来的功能价值，越来越多的消费者在追求一种全新的购物体验。企业不仅要提供安全优质的果品来满足消费者生理和安全的需求，更要重视消费者对体验、情感、品牌和沟通的需求。以情景为舞台、以情感需求为突破口、以品牌为纽带，通过开展各种形式的体验活动，以实现果品营销和企业经营的目标。

7. 跨界营销策略 跨界营销是根据不同产品、产业、偏好、环境的消费者之间所具有的共同特征和联系的消费特性，将原来那些没有关系的成分实现融合、渗透与延展，以获得目标顾客的好感，最终实现跨界整合的市场、利润最大化的新型营销模式。一般跨界营销的两者或是有品牌文化理念方面的共性，或是有渠道方面的资源可以共享，跨界营销为市场营销提供了更广阔的可能性。在当前共享经济、信息经济及"互联网＋"的背景下，果品跨界经营，首先要构建以果品跨界营销平台为核心的果品跨界营销生态圈，整合线上线下资源，实现碎片化闲置资源的再配置，重塑果品企业营销的商业模式，推动实体与网络市场融合发展，实现互联网化、产品在线化、平台数字化。利用互联网，推进大数据建设，搭建流通企业共享经济信息平台，通过与物流业、旅游业、金融业、服务业、制造业等跨界融合，打造多元化"一站式果品跨界营销生态圈"平台，实现果品农产品营销商业模式的创新化、个性化、多样化。

三、现代果园生产过程的营销与管理

传统果园的功能是以生产果品为主，伴随着人们的消费需求向无形、自然、传统转变，果园的功能从仅仅提供果品满足物质需求之外，扩展到了精神需求层面，要满足人们精神享受的需求。因此，对果园的营销与管理提出了新的要求。从生产和旅游两个产业方向思考定位果品的营销与管理，在保障果园生产功能的基础上，提升果园的园林美化景观效果，在果园生产经营活动的整个过程中，考虑注入文化元素，如在水果栽培、贮藏、加工、运输、营销等各个环节，实现游览、休闲、科普、增效等多种功能，让游客在果园游玩过程中既得到乐趣，又能学习水果文化，利用文化氛围，促进水果消费，促进现代果业发展。具体的果园管理思路：

1. 栽培品种的多样化 主栽果树品种熟期应合理搭配，延长观光、采摘周期，除考虑生产果品外，还可配置赏、食兼用的观赏果树，树种品种的选择考虑乔化、矮化、藤本和草本果树的有机结合。同时园内所有果树可挂牌标注科、属、种、产地、分布及栽培特点等，开展各种形式的科普宣传教育活动，突显科技示范功能。

2. 建立完善的果园生产档案 管理做到规范化、标准化、科技化。档案是果园生产管理的真实记录和历史记载。根据档案，可以分析当年生产存在的问题，同时提出解决问题的措施，同时档案也为制订发展规划、编制生产年历提供重要依据。生产档案主要包括建园档案、物候档案、技术管理档案等。

建园档案包括果园规划与设计、土地整理、苗木来源及质量、栽植时期、栽植方法与栽后管理等内容，具体内容包括：政府或职能部门有关建园的决定或批示文件，为建园所调查的相关资料；土地租赁合同或流转协议；果园规划设计说明书；园区土地整理、土壤改良和水土保持状况，苗木来源、数量、质量状况；栽植时间及其间的气候状况（风、温度、降雨等）；具体栽植过程、人员分工；其他生产资料（肥料、地膜、塑料管套、节水设备、生根粉、农药等）的来源、数量；建园初期各项技术措施的实施效果、检查记录、评定结果、奖惩等，文字或照片、录像原件。

物候档案主要记载果园内各品种的物候期，包括萌芽期、展叶期、开花期、果实发育期、采收期等。记载时应专人记载，并明确记载小区，确定观察植株；每一物候期尽可能详细记载到更细的物候期，如开花期，应记载初花期、盛花期、末花期等；尤其是对新引入的品种，更要仔细观察。

技术管理及产品质量销售档案可按小区记载，内容包括：年度、季度或月份的技术管理计划、指标要求；各项技术措施，如果园施肥、灌溉、土壤管理、病虫害防治、花果管理和整形修剪等的日期、方式、方法以及技术措施的执行情况；产量及销售等；产品产量、质量、售价应按小区或地块记录各品种的产量、质量、分级标准、分级方法以及销售价格、销售渠道等。对新技术的实施、科学试验应做详细记载。

3. 果园生产过程多样化展示 把开花、坐果、日常管理、采收、分选包装等过程展示给消费者，让消费者参与到果园生产的劳动中来，通过农事体验等，充分认识果品生产过程。也可以通过定时摄影或延时摄影的方法，对果树开花、果实成长的过程进行延时拍摄，不仅仅是美的欣赏，而且是栩栩如生的科普材料。

4. 注入文化元素，开发文化产品 制作动漫等大众喜闻乐见的产品，将品牌观念潜移默化，这既是跨界营销，也是产业融合的结果。

5. 共享果园管理 果园分片租给个人家庭或小团体，假日里让他们享用和参与管理。在大城市或者经济发达地区，以山庄或果园的形式，在休假期间将果园租赁给高端游客，既让游客享受宁静的乡村田园生活，又把对果园的管理全方位地展示给游客，是对果园更高端形式的营销。

主要参考文献

曹导叶，徐志达，2006. 陕西苹果产业标准化问题探讨 ［J］. 陕西农业科学 （1）：43-45.

陈海江，2010. 果树苗木繁育 ［M］. 北京：金盾出版社.

陈宏，马惠青，高静，2003. 弘前富士苹果引种观察 ［J］. 山西果树 （3）：43-44.

陈修会，1994. 优良苹果砧木资源平邑甜茶 ［J］. 北方果树 （1）：30-31.

陈学森，韩明玉，苏桂林，等，2010. 当今世界苹果产业发展趋势与我国苹果产业优质高效发展意见 ［J］. 果树学报，27 （4）：598-604.

党伟，曹依静，刘利民，等，2014. 红露苹果在黄河故道地区的引种表现及栽培技术 ［J］. 果农之友 （4）：9-10.

冯琦. 2013. 陕西省苹果产业农业标准化贡献率测算研究 ［D］. 北京：中国农业科学院.

国家苹果产业技术体系首席科学家办公室，2017.2017 年苹果产业发展趋势 ［J］. 果农之友 （5）：1-3.

韩明三，王宝昌，1995. "嘎拉"苹果及其栽培特性 ［J］. 烟台果树 （4）：28.

李林光，杨建明，李慧峰，等，2012. 苹果新品种——泰山嘎拉的选育 ［J］. 果树学报，29 （1）：145-146.

李林光，杨建明，隋从艺，2001. 加工鲜食兼用型绿色苹果优良品种——澳洲青苹 ［J］. 落叶果树 （1）：25-26.

鲁慧芳，孙苗苗，2013. 果蔬产品贮藏与加工技术 ［M］. 北京：中国农业大学出版社.

卢培，郭兴科，李方方，2014. 保定地区苹果园夏季杂草种类及优势种群调查 [J]. 北方园艺 (8)：29-33.

陆秋农，贾定贤，1999. 中国果树志：苹果卷 [M]. 北京：中国农业科学技术出版社、中国林业出版社.

吕文彦，李广领，吴艳兵，2016. 新编农药安全使用规范 [M]. 北京：中国农业出版社.

马宝焜，杜国强，张学英，2010. 苹果整形修剪图解 [M]. 北京：中国农业出版社.

马宝焜，徐继忠，2012. 苹果精细管理十二个月 [M]. 北京：中国农业出版社.

马宝焜，徐继忠，孙建设，2017. 果树嫁接 16 法 [M]. 第二版. 北京：中国农业出版社.

聂继云，李静，杨振峰，等，2007. 苹果品质和质量安全与对策 [J]. 中国果树 (3)：60-62.

孙廷，关金菊，钟华义，2015. 果树规模栽培与病虫害防治 [M]. 北京：中国农业科学技术出版社.

束怀瑞，1999. 苹果学 [M]. 北京：金盾出版社.

唐岩，姜中武，宋来庆，等，2010. 优良早熟苹果新品种——信浓红 [J]. 烟台果树 (4)：20.

陶波，2009. 杂草化学防除实用技术 [M]. 北京：化学工业出版社.

田永强，于静，李夏鸣，等，2014. 我国北方果区苹果树腐烂病的发生现状及防治对策 [J]. 陕西果树 (2)：35-36.

王雷存，赵政阳，2000. 美国八号苹果引种栽培试验 [J]. 烟台果树 (1)：21-22.

王雷存，赵政阳，高华，等，2016. 黄色苹果新品种瑞雪主要性状与栽培要点 [J]. 西北园艺 (10)：37-38.

肖宝祥，高彦，陈继州，等，2004. 中晚熟富士苹果新品种——弘前富士 [J]. 西北园艺 (8)：29.

徐继忠，2016. 苹果矮化砧木选育与栽培技术研究 [M]. 北京：中国农业出版社.

阎振立，张恒涛，过国南，等，2010. 苹果新品种——华硕的选育 [J]. 果树学报，27 (4)：655-656.

杨振峰，丛佩华，聂继云，等，2005. 我国苹果安全质量现状、存在问题及对策［J］. 山西果树（4）：28-30.

袁铸，李胜女，1998. 王林苹果生物学特性及栽培管理［J］. 河北果树（3）：26-27.

张伯虎，2015. 苹果新育品种"瑞阳""瑞雪"综合性状评价［D］. 杨凌：西北农林科技大学.

张力飞，2013. 图说北方果树苗木繁育［M］. 北京：金盾出版社.

张玉星，2011. 果树栽培学各论［M］. 第三版. 北京：中国农业出版社.

赵丹，潘亚菲，李惠，等，2015. 苹果新品种"中秋王"生物学特性研究［J］. 北方园艺（8）：32-35.

赵峰，孙山，2001. 加拿大的苹果新品种——美味［J］. 落叶果树（6）：57.

赵进春，郝红梅，胡成志，2012. 北方果树苗木繁育技术［M］. 北京：化学工业出版社.

赵鹏飞，2015. 现代化苹果园的技术构成与效益分析［D］. 保定：河北农业大学.

赵玉山，2014. 我国苹果产业发展趋势、存在问题及对策［J］. 河北果树（4）：1-3.

赵增锋，曹克强，2011. 苹果树腐烂病流行分析及防治建议［J］. 中国果树（1）：61-63.

赵政阳，2015. 中国果树科学与实践：苹果［M］. 西安：陕西科学技术出版社.

图书在版编目（CIP）数据

苹果园生产与经营致富一本通／徐继忠主编 . —北京：中国农业出版社，2018.1（2018.11 重印）
（现代果园生产与经营丛书）
ISBN 978-7-109-23791-9

Ⅰ.①苹… Ⅱ.①徐… Ⅲ.①苹果－果树园艺 ②苹果－果园管理 Ⅳ.①S661.1

中国版本图书馆 CIP 数据核字（2017）第 323651 号

中国农业出版社出版
（北京市朝阳区麦子店街 18 号楼）
（邮政编码 100125）
责任编辑 黄 宇 张 利 舒 薇 杨金妹

北京万友印刷有限公司印刷 新华书店北京发行所发行
2018 年 1 月第 1 版 2018 年 11 月北京第 2 次印刷

开本：850mm×1168mm 1/32 印张：7.625
字数：185 千字
定价：20.00 元
（凡本版图书出现印刷、装订错误，请向出版社发行部调换）